S. A. Sofi
Shafiya Rafiq

Fibra alimentar e sua aplicação na alimentação

S. A. Sofi
Shafiya Rafiq

Fibra alimentar e sua aplicação na alimentação

ScienciaScripts

Imprint

Cover image: www.ingimage.com

This book is a translation from the original published under ISBN 978-620-2-07130-7.

Publisher:
Sciencia Scripts
is a trademark of
Dodo Books Indian Ocean Ltd. and OmniScriptum S.R.L publishing group

120 High Road, East Finchley, London, N2 9ED, United Kingdom
Str. Armeneasca 28/1, office 1, Chisinau MD-2012, Republic of Moldova, Europe
Printed at: see last page
ISBN: 978-620-8-26342-3

Conteúdo

CAPÍTULO 1

VISÃO GERAL, CLASSIFICAÇÃO E PROPRIEDADES FÍSICO-QUÍMICAS DA FIBRA ALIMENTAR

S *A Sofi*

Divisão de ciência e tecnologia alimentar, SKUAT-Jammu

Fibra alimentar

A maioria dos alimentos à base de carne é rica em gorduras e proteínas, mas deficiente em hidratos de carbono complexos, como a fibra alimentar (Sanchez-Zapata *et al.*, 2010). Assim, a incorporação de fibras alimentares de diferentes fontes nos produtos alimentares ajudaria a aumentar a sua apetência. As fontes de fibra alimentar são geralmente subprodutos agrícolas que são comparativamente baratos e a incorporação em produtos alimentares reduz o seu custo global. O termo fibra alimentar foi utilizado pela primeira vez em 1953 por Eben Hipsley para descrever o teor de hidratos de carbono não disponíveis nos alimentos, o que reduziu as taxas de toxemia na gravidez (Hipsley, 1953). Anteriormente, o termo analítico "fibra bruta" era utilizado para os componentes que escapavam às extracções ácidas e alcalinas (Trowell, 1976). Spiller *et al.* (1978) utilizaram o termo "plantix" para fibra e Trowell *et al.* (1985) definiram fibra alimentar como "a soma dos polissacáridos e da lenhina não digeridos pelo trato gastrointestinal humano". O conflito entre o que definir como fibra alimentar e a sua análise tornou a sua definição na classificação um pouco difícil para as agências de saúde pública e as indústrias alimentares (McCleary, 2008). De acordo com a Associação Americana de Químicos de Cereais, a fibra alimentar é o remanescente da parte comestível das plantas que escapou à digestão e absorção no intestino delgado (AACC 2001). Os componentes que constituem a fibra alimentar estão listados no Quadro 1.

2.1. Classificação das fibras alimentares

A fibra alimentar pode ser classificada de muitas formas possíveis, como, por exemplo, com base nas fontes de onde provém e que podem ainda ser categorizadas em polissacáridos vegetais, polissacáridos animais ou fontes sintéticas. Com base na estrutura, podem ser classificados em polissacáridos lineares ou não lineares. Mas o sistema de classificação mais amplamente aceite e utilizado é com base na solubilidade e/ou no comportamento de fermentação num sistema in vitro utilizando um componente enzimático que simula o do canal alimentar humano. De acordo com a sua solubilidade em água, a fibra alimentar é convencionalmente classificada em fibra alimentar insolúvel (FDI)/fibra menos fermentada e fibra alimentar solúvel (FDS)/fibra bem fermentada. A fibra insolúvel é constituída por celulose, parte das hemiceluloses e lenhina e a fibra solúvel é constituída por pentosanas, pectinas, gomas e mucilagem (Chawla &

Patil, 2010). Welsh *et al.*, (1994) concluíram que os cereais integrais são a principal fonte de fibra alimentar insolúvel e Van Soest (1976) referiu que a quantidade máxima de hemicelulose na dieta é fornecida pelo farelo e pelas cascas. A classificação da fibra alimentar com base na solubilidade é apresentada no Quadro 2.

Tabela! Os componentes e as fontes que constituem a fibra alimentar

Fiber components	Principal groupings	Fiber sources
Non starch polysaccharides and oligosaccharides	Cellulose Hemicellulose Polyfructoses Gums and mucilages	Cellulose plants (vegetable, sugar beet, various brans) Arabinogalactans, β-glucans, arabinoxylans glucuronoxylans, xyloglucans, galactomannans, pectic substances Inulin, oligofructans Seed extracts (galactomannans – guar and locust bean gum), tree exudates (gumacacia, gum karaya, gum tragacanth), algal polysaccharides (alginates, agarcarrageenan), psyllium
Carbohydrate analogues	Pectins Resistant starches and maltodextrins Chemical synthesis Enzymatic synthesis	Fruits, vegetables, legumes, potato, sugar beets Various plants such as maize, pea, potato Polydextrose, lactulose, cellulose derivatives Neosugar or short chain, guar hydrolyzate Fructooligosaccharides, levan, xanthan gum, transgalactooligosaccharides, oligofructose, xylooligosaccharide, curdlan
Lignin	Lignin	Woody plants
Substances associated with nonstarch polysaccharides	Waxes, cutin, Suberin	Plant fibers
Animal origin fibers	Chitin, chitosan, collagen, chondroitin	Fungi, yeasts, invertebrates

(Fonte: Tungland e Meyer, 2002)

Tabela 2. Classificação da fibra alimentar com base na solubilidade

Class	**Examples**
Insoluble	Cellulose
Soluble (only in hot water)	Agars, amylose, aligns, kappa-type carrageenans (in the presence of K+ or Ca2+), gelan, konjac, mannan, locust bean gum, low methoxyl pectins, granular starches and starch derivatives
Soluble (in water at room temperature but insoluble in hot water)	Curdlan,hydroxylpropylcelluloses, hydroxylpropylmethylcelluloses and methylcelluloses
Soluble (in water at room temperature and hot water)	Alginates, amylopectins, carboxymethylcelluloses, dextrins, iota type carrageenans, guar gum, gum Arabic, high methoxyl pectins, polydextrose and xanthan gum

(Fonte: BeMiller, 2001)

2.1.1. celulose

A celulose é uma cadeia linear de monómeros de glucose com ligações β(1 ->4) e é o componente estrutural das paredes celulares das plantas e vegetais verdes. É insolúvel em água e inerte às enzimas digestivas do intestino delgado. No entanto, pode passar por fermentação microbiana até um certo grau no intestino grosso, produzindo ácidos gordos de cadeia curta. Basicamente, a celulose pode ser dividida em dois grupos: Cristalina e amorfa. O componente cristalino, que é constituído por ligações de hidrogénio não covalentes intra e intermoleculares, torna a celulose insolúvel em água. É também responsável pela sua grande resistência mecânica e resistência à degradação microbiana e constitui uma grande parte da celulose. Por outro lado, a porção amorfa é facilmente hidrolisada e constitui uma pequena porção (10-15 %) da celulose total (Aspinall, 1970).

2.1.2. hemicelulose

É constituída por uma cadeia de monómeros de glucose com ligações β (1->4) semelhante à da celulose, mas de tamanho mais pequeno, geralmente ramificada e contendo uma variedade de moléculas de açúcar como a xilose, a manose e a arabinose (Kay, 1982).

2.1.2. Amidos resistentes (RS)

Qualquer amido não digerido no intestino delgado é conhecido como amido resistente. Este comporta-se como a fibra solúvel sem sacrificar a palatabilidade e a sensação na boca. O RS foi classificado em quatro tipos básicos - Tipo 1 (RSI) é constituído por grânulos de amido rodeados por uma matriz vegetal indigesta. O tipo 2 (RS2) ocorre na sua forma natural, como numa batata não cozinhada e no milho com elevado teor de amilose. O tipo 3 (RS3) é um amido cristalizado obtido através de processos únicos de cozedura e arrefecimento. O tipo 4 (RS4) é um amido modificado quimicamente por esterificação, reticulação ou transglicosilação e não se encontra na natureza. Verifica-se que o RS4 reticulado provoca um maior efeito de redução da glucose do que o RS2, mais comummente testado (Haub *et al.*, 2010).

2.1.3. Lignina

É um polímero que contém unidades fenil propano oxigenadas, incluindo os álcoois coniferílico, sinapílico e p-cumarílico, que sofreram uma polimerização desidrogenativa complexa (Schubert, 1956). É muito inerte na natureza e tem um poder de resistência maior do que qualquer outro polímero que ocorre naturalmente (Dhingra et *al.*, 2012).

2.1.4. Pectina

A pectina é um polímero linear de ácido galacturónico ligado por ligações α(1->4). Trata-se de um polissacárido solúvel em água que contorna a digestão enzimática do intestino delgado, mas é facilmente degradado pela microflora do cólon. A nível comercial, são normalmente utilizados em aplicações alimentares que requerem um agente gelificante ou espessante. No interior do trato gastrointestinal, a pectina mantém esta capacidade de formar um gel ou espessar uma solução. Devido a este comportamento gelificante, está associada a muitos efeitos benéficos para a saúde, incluindo a síndrome de dumping (Lawaetz et *al.*, 1983), a melhoria do metabolismo do colesterol e dos lípidos (Brown et al., 1999) e a prevenção e controlo da diabetes (Jenkins et *al.*, 1977).

3. Propriedades físico-químicas das fibras alimentares

A fibra alimentar é um complexo de polissacáridos com muitas funções e actividades diferentes à medida que passa pelo trato gastrointestinal e estas funções e actividades devem-se à natureza físico-química das fibras alimentares. Algumas das propriedades das fibras alimentares são

3.1 Propriedades do tamanho das partículas da fibra alimentar.

O tamanho das partículas desempenha um papel importante e funções que controlam vários eventos que ocorrem no trato digestivo, ou seja, o tempo de trânsito, a fermentação e a excreção fecal. A gama de tamanhos de partículas depende do tipo de paredes celulares presentes nos alimentos e do seu grau de processamento. O tamanho das partículas de fibra pode variar durante o trânsito no trato digestivo como resultado da mastigação, trituração e degradação bacteriana no intestino grosso. Raghavendra *et al.*, (2006) avaliaram as caraterísticas de trituração do resíduo de coco e observaram que a redução do tamanho das partículas de 1.127-550 pm resultou num aumento das propriedades de hidratação, o que pode ser devido ao aumento da área de superfície e do volume total de poros, bem como à modificação estrutural. Para além de 550 pm, verificou-se que as propriedades de hidratação diminuíam com a diminuição do tamanho das partículas durante a moagem. A porosidade e a superfície disponível para o crescimento de bactérias ou sondas moleculares, tais como enzimas, dependerão da arquitetura da fibra, que está relacionada com a sua origem e história de processamento (Guillon et al., 1998).

3.2 Propriedades de hidratação da fibra alimentar

As propriedades de hidratação são o controlo e a fé da fibra alimentar no sistema digestivo e a indução da fermentação, tendo em conta alguns efeitos como o aumento do volume fecal. As propriedades de inchaço e retenção de água fornecem atributos gerais da hidratação da fibra. A absorção de água permite compreender o comportamento da fibra nos alimentos ou durante o trânsito intestinal. Os tratamentos de transformação, tais como a redução de tamanho, os tratamentos de aquecimento, a secagem mecânica ou a tecnologia de extrusão modificaram as propriedades da estrutura da fibra e as propriedades de hidratação (Thibault et *al.,* 1992). Os outros factores que afectam as caraterísticas de hidratação da fibra são a temperatura, o pH, a força iónica e a constante dieléctrica da solução circundante (Renard et *al.,* 1994). Camire & Flint (1991) estudaram os efeitos da cozedura por extrusão de farinha de com, farinha de aveia e cascas de batata na composição da fibra alimentar e na capacidade de hidratação, tendo verificado um aumento do total de polissacáridos não amiláceos na farinha de aveia e nas cascas de batata. Nassar et *al.,* (2008) analisaram que a casca e a polpa de laranja tinham uma elevada quantidade de fibra alimentar com um elevado nível de capacidade de retenção de água e óleo e a sua incorporação na formulação de bolachas mostrou um aumento da absorção de água, do tempo de desenvolvimento da massa e da estabilidade, enquanto a tolerância à mistura diminuiu.

3.4 Solubilidade e viscosidade

A solubilidade tem efeitos diretos na funcionalidade e nas caraterísticas da fibra. Os polissacáridos viscosos solúveis dificultam a digestão e a absorção dos nutrientes pelo intestino. Se a estrutura da fibra alimentar for tal que as moléculas se encaixem numa matriz cristalina, o polímero será provavelmente mais estável no estado sólido do que em solução (Guillon & Champ 2000). Uma maior ramificação, como na goma acácia, e a presença de grupos iónicos, como na pectina, aumentam a solubilidade da fibra alimentar. A alteração das unidades de monossacarídeos ou da sua forma molecular (forma α ou β) aumenta ainda mais a solubilidade (por exemplo, goma acácia, arabinogalactana e goma xantana). Aravantinos-Zafiris *et al.,* (1994) propuseram que os resíduos de casca de laranja fossem uma boa fonte de fibra alimentar. Após a extração da pectina, o resíduo da casca de laranja extraído com etanol tinha capacidades de absorção de água e óleo comparáveis às dos produtos fibrosos comerciais. Fuentes-Alventosa et al., (2009) prepararam pós com elevado teor de fibra alimentar à base de espargos e caracterizaram a sua composição e caraterísticas funcionais. Entre os métodos de secagem, as fibras liofilizadas têm uma solubilidade e uma capacidade de retenção de óleo mais elevadas do que as fibras secas no forno. A viscosidade do fluido, em termos comuns, é definida como a sua resistência ao fluxo. Geralmente, a viscosidade da fibra aumenta com o aumento do peso molecular ou do comprimento da cadeia da fibra. A viscosidade depende também da concentração da fibra em solução, da temperatura, do pH, das condições de cisalhamento do tratamento e da força iónica. Aportela-Palacios et *al.*, (2005) incorporaram o farelo de trigo natural e tostado e os sabores de ananás e pina colada no iogurte, o que aumentou o pH e a sinérese diminuiu com o aumento do teor de fibra. O farelo natural teve um maior efeito na consistência do que o farelo tostado e o iogurte aromatizado com pina colada teve maior viscosidade do que o iogurte aromatizado com ananás. Garcia-Perez et *al.*, (2005) relataram que o iogurte com 1% de fibra de laranja tinha uma cor mais clara com menor sinérese. A adição de β-glucano de cevada ou inulina e goma guar melhorou as propriedades viscoelásticas do iogurte com baixo teor de gordura (Brennan & Tudorica 2008). A fibra dos rebentos de espargos aumentou a consistência do iogurte e conferiu *uma* cor amarelada esverdeada ao iogurte (Sanz et *al.*, 2008). Suspeita-se que as fibras se ligam à absorção de minerais devido aos polissacáridos carregados. A capacidade de várias fibras quelatarem minerais devido aos polissacáridos carregados e ligarem quimicamente os ácidos biliares foi sugerida como um mecanismo potencial pelo qual certas fibras alimentares actuam como efeitos hipocolesterolémicos. (Dongowski e Ehwald 1998).

4. Funcionalidade tecnológica da fibra alimentar

As fibras alimentares são polissacáridos complexos que apresentam uma vasta gama de funcionalidades, tais como emulsificação, substituição de gordura, formação de gel, crioprotector, espessante e estabilizador. Estas funcionalidades técnicas são altamente influenciadas pelas propriedades físico-químicas das fibras alimentares, como a capacidade de retenção e ligação de água, a capacidade de ligação de óleo, a solubilidade e a viscosidade, que são discutidas (Elleuch *et al.*, 2011; Theabaudin *et al.*, 1997).

Factores que afectam as propriedades tecno-funcionais da fibra alimentar

Factor	**Techno-functional properties**
Type of fibre	Water holding capacity of soluble fibre is higher than insoluble Flaxseed gum in dairy beverages resulted in better sensory & rheological properties
Particle size	Decrease in hydration with decrease in particle size of wheat bran Increase with reduction in coconut fibre particle size
Molecular weight	High molecular weight β-glucan difficult to dissolve in water even at low concentration of 0.5%
Nature of chain	Highly branched guar gum & pectin more soluble & viscous

5. Dose dietética recomendada (DDR) de fibra alimentar

A fibra alimentar foi reconhecida como uma parte importante da dieta completa e acredita-se que é desejável uma ingestão de fibra de 30-40 g/dia. Metade dessa quantidade deve provir do farelo de cereais e a outra metade de frutos e legumes (Nayak et *al.,* 2000). A quantidade de fibra alimentar fornecida pelos cereais depende da fonte e do grau de transformação. Por exemplo, o teor de fibras na farinha de trigo refinada é de 2,5 g/100 g, ao passo que na farinha não refinada é de 12 g/100 g, o que é cerca de cinco vezes superior ao primeiro. A fração insolúvel da fibra alimentar é removida em grande parte durante o processo de refinação (Rodriguez *et al.,* 2006). As recomendações relativas à ingestão de fibra alimentar não são as mesmas em todos os países. A diferença deve-se aos hábitos alimentares variáveis, aos estilos de vida e ao grau de processamento de vários produtos alimentares consumidos em diferentes países (Bemiller, 2004). Uma dieta indiana média contém cerca de 6-8,5 g de fibra bruta (Mehta & Kaur, 1992). Algumas recomendações do Comité Internacional para a ingestão total de fibra alimentar na dieta por dia são apresentadas no Quadro 4.

Tabela 4. Algumas recomendações do Comité Internacional relativas à RD A para a ingestão total de fibra alimentar

Source	**Recommendation (g/day)**
National Cancer Institute	20–30
USDA and USFDA	38 for men and 26 for women
National Academy of Sciences (USA)	30–38 for men and 21–26 for women
UK Department of Health	18 (expressed as Non starch polysachharide)
German Department of Health	30

(Bemiller 2004)

Resumo

Os produtos alimentares funcionais constituem uma área de crescimento promissora e esta ênfase reacendeu o interesse por um dos nutrientes mais debatidos na indústria alimentar: os produtos alimentares fortificados com fibras alimentares. Há cada vez mais possibilidades de explorar os atributos físico-químicos e fisiológicos de uma grande variedade de fibras alimentares, cuja versatilidade tecnológica nunca foi tão grande. O renascimento das fibras alimentares como elementos importantes de uma dieta saudável tem sido acompanhado por desenvolvimentos tecnológicos sofisticados na indústria alimentar. As previsões apontam para que a procura de nutracêuticos e aditivos alimentares funcionais continue a crescer, estimulada por novos produtos e por um número crescente de consumidores preocupados com a saúde. Os alimentos funcionais vieram definitivamente para ficar. No entanto, até que ponto os produtos enriquecidos em fibra alimentar contribuirão para o crescimento sustentado deste sector, depende dos resultados da investigação na validação das percepções dos benefícios da fibra alimentar para a saúde e dos esforços da indústria alimentar na formulação e promoção de produtos que tragam esses benefícios ao consumidor.

Referências

AACC. 2001. A definição de fibra alimentar. Relatório da AACC. *Cereal Foods World* 46:112-126.

Aportela-Palacios A, Sosa-Morales ME & Velez-Ruiz JF.2005. Comportamento reológico e físico-químico do iogurte fortificado com fibra e cálcio. *Journal of Texture Studies.* 36(3):333-349.

Aspinall, G.O. 1970. Polysaccharides. Pergamon Press, Oxford, pp 130-144.

BeMiller, J.N. 2004. Ingestão de fibra alimentar, prevenção de doenças e promoção da saúde: uma visão geral com ênfase nas evidências da epidemiologia. In: Van-der Kamp JM, Asp NG, Miller,J., Schaafsma, G. (eds) Dietary fiber. Wageningen Academic Publishers, Países Baixos, pp 143-164.

Brennan CS & Tudorica CM. 2008. Substitutos de gordura à base de hidratos de carbono na modificação da qualidade reológica, textural e sensorial do iogurte: estudo comparativo da utilização de betaglucano de cevada, goma de guar e inulina. International *Journal of Food Science & Technology*. 43:824-833.

Carnire ME & Flint SI. 1991. Efeitos do processamento térmico na composição da fibra dietética e na capacidade de hidratação de sementes de milho, aveia e cascas de batata. *Cereal Chemistry*. 68(6):645- 647

Chawla R & Patil GR. 2010. Soluble dietary fiber. Comprehensive Review on Food Science. 9:178-196.

Dhingra, D., Michael, M., Rajput, H. & Patil, R.T. 2012. Fibra dietética em alimentos: uma revisão. *Journal of Food Science & Technology,* 49(3):255-266.

Dongowski G & Ehwdd R. 1998. Propriedades das preparações dietéticas do tipo cellan. In: Guillon F et d (eds) Procedimentos do Simpósio PROFIBRE, Propriedades funcionais dos hidratos de carbono não digeríveis. Imprimerie Parentheses, Nantes,52-54.

Elleuch, M., Bedigian, D., Besbes, S e Blecker, C. 2011. Fibra alimentar e subprodutos ricos em fibra do processamento de alimentos: Characterisation, technologicd functionality and commercid applications: A review. *Food Chemistry* **124:** 411-421

Fuentes-Alventosa JM, Rodriguez-Gutierrez G, Jaramillo Carmona S, Espejo Cdvo JA, Rodriguez-Arcos R, Fernandez-Bolanos J, Guillen-Bejarano R & Jimenez-Araujo A. 2OO9.Effect of extraction method on chemical composition and functional characteristics of high dietary fibre powders obtained from asparagus byproducts. *Journal of Food Chemistry*. 113:665-692.

Guillon F & Champ M. 2000. Propriedades estruturais e físicas das fibras alimentares e consequências do processamento na fisiologia humana. *Food Research International*. 33:233-245.

Guillon F, Auffret A, Robertson JA, Thibault JF & Barry JL.1998. Relações entre as caraterísticas físicas da fibra de beterraba sacarina e a sua fermentabilidade pela flora fecal humana. Carbohydrate Polymer. 37:185-197.

Haub, M.D., Hubach, K.L.& Al-Tamimi, E.K. 2010. Diferentes tipos de amido resistente provocam respostas diferentes à glucose em humanos. *Journal of Nutritional,* Metab Artigo ID 230501.

Jenkins, D.J.A., Leeds, A.R., Gassull, M.A., Cochet, B. & Alberti, K.G.M.M. 1977. Diminuição das concentrações pós-prandiais de insulina e glicose por guar e pectina. Ann Intern Med 86:20-23.

Kay, R.M. 1982. Dietary fibre. *Journal of Lipid Research,* 23:221-242.

Lawaetz ,O., Blackbum, A.M., Bloom, S.R., Aritas, Y. & Ralphs, D.N.L. 1983. Efeito da pectina no esvaziamento gástrico e na libertação de hormonas intestinais na síndrome de dumping.

Scandish Journal of Gastroenterology, 18:327-336.

McCleary, B.V. 2008. Medição dos componentes da fibra alimentar: a importância da pureza, atividade e especificidade das enzimas. Em: McCleary, B.V.& Prosky, L. (eds) Advanced dietary fibre technology. Blackwell Science Ltd, Oxford, pp 89-105.

Mehta, K. & Kaur, A. 1992. Reviews: dietary fiber. *International Journal of Diabetes Development Ctries,* 12:12-18.

Nassar AG, AbdEl-Hamied AA & El-Naggar EA. 2008. Efeito da incorporação de farinha de subprodutos de citrinos nas caraterísticas químicas, reológicas e organolépticas dos biscoitos. *Revista Mundial de Ciências Agrícolas. 4* (5):612-616.

Nayak, S.K., Pattnaik, P. & Mohanty, A.K. 2000. Dietary fiber: a low-calorie dairy adjunct. *Indian Food Industrail,* 19(4):268-274.

Rodriguez, R., Jimenez, A., Fernandez-Bolanos, J., Guillen, R. & Heredia, A. 2006. Fibra alimentar de produtos vegetais como fonte de ingredientes funcionais. *Tendências da Ciência e Tecnologia Alimentar,* 17(1):3-15.

Sanchez-Zapata, E., Munoz, C.M., Fuentes, E., Fernandez-Lopez, J., Sendra, E., Sayas, E. *M* Navarro, C. 2010. Efeito da fibra de noz de tigre nas caraterísticas de qualidade do hambúrguer de porco. *Ciência da Carne,* 85:70-76.

Sanz T, Salvador A, Jimenez A e Fiszman S. 2008. Melhoramento do iogurte com fibra funcional de espargos, efeito do método de extração da fibra nas propriedades reológicas, cor e aceitação sensorial. *Tecnologia Europeia de Investigação Alimentar.* 227:1515-1521.

Thebaudin, J.Y., Lefebvre, A.C., Harrington, M. & Bourgeois, C.M. 1997. Fibras alimentares: interesse nutricional e tecnológico. *Trends in Food Science & Technology* **8:** 41-48.

Thibault JF, Lahaye M & Guillon F. 1992. Propriedades físico-químicas das paredes celulares das plantas alimentares. In: Schweizer T F, Edwards C A (eds) Dietary fibre, a component of food. Nutritional function in health and disease. Springer-verlag, Berlim: 21-56.

Trowell, H. 1976. Definição de fibra alimentar e hipóteses de que é um fator de proteção em certas doenças. *American Journal of Clinical Nutritional,* 29(4):417- 427.

Van Soest, P.J. 1976. Fiber composition of some food stuffs (Composição de fibras de alguns alimentos). *Jornal Americano de Nutrição Clínica,* 31:5282-5284

CAPÍTULO 2

Papel fisiológico e benefícios para a saúde da fibra alimentar

S A Sofi e Jagmohan singh

Divisão de ciência e tecnologia alimentar, SKUAT-Jammu

A fibra alimentar desempenha um papel significativo na prevenção de várias doenças e na manutenção da saúde. O mecanismo pelo qual cada fibra exerce uma ação protetora no organismo varia com o tipo e a composição dessa fibra.

A fibra alimentar como restrição para a prevenção do risco de doenças cardiovasculares

A fibra alimentar actua como agente protetor contra as doenças cardiovasculares. Exercem esta ação actuando como agente redutor da hiperlipidemia e da hipocolesterolemia (Kendall *et al.*, 2009). O mecanismo exato pelo qual as fibras alimentares reduzem os níveis séricos de colesterol LDL não é conhecido. As evidências sugerem que podem interferir com o metabolismo dos lípidos e/ou dos ácidos biliares. A fibra alimentar do coco é rica em ácido urónico, glucomananos e galactomananos, que são metabolizados pela microflora do intestino grosso e produzem ácidos gordos de cadeia curta, como acetatos, propionato e butirato, que contribuem para a redução dos níveis séricos de colesterol (Theuwissen & Mensink, 2008). Do mesmo modo, verificou-se que as fibras alimentares provenientes de outras fontes, como o farelo de aveia, a goma de guar (Fahrenbach *et al.*, 1965) e o psílio (Garvin *et al.*, 1965), também reduzem os níveis de colesterol sérico. Outros mecanismos sugeridos incluem a inibição da produção de lipoproteínas hepáticas e da síntese de colesterol, a absorção retardada de macronutrientes que leva a um aumento da sensibilidade à insulina e a formação de uma membrana protetora pelas fibras alimentares à volta das gotículas de lípidos que impede a ação da lipase (Mun *et al.*, 2006). Também foi sugerido que a fibra alimentar tem a capacidade de se ligar aos ácidos biliares e aos metabolitos do colesterol, que desempenham um papel importante na digestão e absorção dos lípidos no intestino delgado. Isto leva a uma menor concentração de colesterol no soro, interrompendo a circulação entero-hepática (Eastwood, 1992). Os polissacáridos das fibras afectam a absorção de lípidos, uma vez que podem ser fortes inibidores da lipase pancreática que participa no metabolismo dos lípidos (Dunaif & Schneeman, 1981). Por outro lado, diminuem o nível de colesterol total e de lipoproteínas de baixa densidade no plasma por diluição e excreção de ácidos biliares (Gallaher *et al.*, 1992) e por diminuição da absorção de colesterol biliar (Marlett *et al.*, 1994).

Papel da fibra alimentar na melhoria da saúde gastrointestinal

A fibra pode ligar uma grande quantidade de água, resultando num aumento do peso das fezes (Cummings, 1993). O aumento do volume das fezes reduz o tempo de trânsito do cólon, o que evita a obstipação e a produção de compostos carcinogénicos e genotóxicos (Gibson, 2004). A fibra alimentar desempenha um papel importante na manutenção da imunidade gastrointestinal. Em particular, a dieta com fibras fermentáveis resulta num aumento da resposta mitogénica das células T e num aumento da atividade do tecido linfoide associado ao intestino (GALT) (Field *et al.*, 1999). A fermentação da fibra alimentar no intestino grosso pela microflora intestinal resulta num aumento do nível de ácidos gordos de cadeia curta, que se acredita serem importantes para promover a saúde do epitélio do cólon (Topping & Clifton, 2001). Além disso, resulta na diminuição do pH do cólon, o que inibe as bactérias potencialmente nocivas e promove o crescimento da microflora favorável de ácido lático (Grasten et *al.*, 2003).

O papel da fibra alimentar na prevenção do cancro

A relação entre a fibra alimentar e o cancro do cólon, apesar da sua complexidade, está bastante bem documentada. As fibras alimentares têm efeitos anticarcinogénicos e antitumerogénicos, quer reduzindo a produção de substâncias cancerígenas no cólon (Rumney & Rowland, 1995), quer aumentando o volume fecal, o que acaba por diminuir as interações efectivas entre a mucosa intestinal e os agentes de risco de cancro presentes nas fezes (Harris & Ferguson, 1993). A fibra alimentar pode reduzir o risco de cancro colorrectal através de uma maior fermentação no intestino grosso, que leva à produção de níveis elevados de ácidos gordos de cadeia curta (Sharma et *al.*, 2008). O ácido butírico promove a diferenciação celular e inibe a produção de ácidos biliares secundários através da redução do pH luminal, o que resulta na redução do risco de alterações malignas nas células (Potter, 1999).

Fibras e diabetes mellitus

O risco de diabetes mellitus tipo 2 está inversamente correlacionado com a ingestão de dietas com elevado teor de fibras (Schulze et *al.*, 2004). A redução da concentração de glucose no plasma como resultado do consumo de várias fontes de fibra pode dever-se a vários eventos. A fibra tem a capacidade de reduzir o pico de glicose pós-prandial, o que leva a uma diminuição das necessidades de insulina e protege o pâncreas da exaustão excessiva. As fibras ingeridas retardam o esvaziamento gástrico, formando uma matriz de gel devido à sua elevada capacidade de retenção de água (Wursch & Pi-Sunyer, 1997). Esta matriz de gel pode engrossar o conteúdo do intestino delgado e diminuir o contacto entre os alimentos e as enzimas digestivas (Jenkins et *al.*, 1978). Além disso, as fibras podem alterar os movimentos contrácteis no trato gastrointestinal, diminuindo assim o transporte de glicose para a superfície de absorção (Malkki, 2001).

As fibras como instrumento eficaz para a gestão do peso

Vários estudos examinaram também o potencial da fibra alimentar como agente de saciedade e contribuinte para o controlo do peso (Sharma *et al.*, 2008). A ingestão de fibra alimentar pode aumentar a mobilização e a utilização dos depósitos de gordura como resultado direto da redução da secreção de insulina (Tapsell, 2004). As dietas ricas em fibras levam a um abrandamento do esvaziamento gástrico, resultando numa taxa mais lenta de absorção de nutrientes (Brennan, 2005). A dieta rica em fibras também reduz a densidade energética da dieta global.

Resumo

Por razões funcionais e de saúde, a fibra está a ter uma aplicação cada vez maior tanto em produtos alimentares derivados de plantas como em produtos derivados de animais. Formas altamente concentradas de fibra, preparadas a partir de uma variedade de fontes, podem ser utilizadas para a preparação de produtos nutricionais. Investigações recentes realizadas sobre fontes de fibra alimentar concluem que existem muitas fontes de fibra alimentar utilizadas e subutilizadas, classificadas como solúveis e insolúveis em água, que contêm antioxidantes que previnem várias doenças como o cancro e a diabetes, mantêm a saúde da biota intestinal e também ajudam a controlar o peso.

Referências

Brennan, C.S. 2005. Dietary fibre, glycaemic response, and diabetes. Molecular *Nutritional Food Research,* 49:560-570.

Tapsell, L.C. 2004. Diet and metabolic syndrome: where does resistant starch fit in? *Journal Association Analas Chemistry International,* 87(3):756-760.

Sharma, A., Yadav, B.S. & Ritika, B. 2008. Amido resistente: funções fisiológicas e aplicações alimentares. *Food Revision International,* 24:193-234.

Malkki, Y. 2001. Fibra de aveia. Produção, composição, propriedades físico-químicas, efeitos fisiológicos, segurança e aplicações alimentares. In: Cho SS, Dreher ML (eds) Handbook of dietary fiber. Marcel Dekker, Inc, Nova Iorque, pp 497-517.

Jenkins, D.J.A., Wolever, T.M.S., Leeds, A.R., Gassull, M.A., Haisman, P., Dilawari, J., Goff, D.V., Metz, G.L.& Alberti, K.G.M.M.1978. Fibras alimentares, análogos de fibras e tolerância à glucose: importância da viscosidade. *Bratain Medical Journal,* 1:1392-1394.

Wursch, P. & Pi-Sunyer, X. 1997. O papel da fibra solúvel viscosa no controlo metabólico da diabetes. *Diabetic Care,* 20:1774-1780.

Potter, J.D. 1999. Cancro colorrectal: moléculas e populações. *Jornal do Instituto do Cancro Natural,* 91:916-932.

Harris, P.J & Ferguson, L.R. 1993. Fibra alimentar: a sua composição e papel na proteção contra o cancro colorrectal. *Mutation of Research,* 290:97-110.

Rumney, C. & Rowland, I.R. 1995. Oligossacáridos não digeríveis potenciais agentes anti-cancro. *BNF Nutritional Bulletin,* 20:194-203.

Grasten, S., Liukonnen, K-H., Chrevatidis, A., Nezami, H., Poutanen, K. & Mykkanen, H.

2003. Effects of wheat pentosan and inulin on the metabolic activity of fecal microbiota and on bowel function in healthy humans. *Nutritional Research,* 23:1503-1514.

Field, C.J., McBurney, M.I., Massimino S, Hayek MG, Sunvoid GD (1999) The fermentable fiber content of the diet alters the function and composition of canine gut associated lymphoid tissue. *Veternairy Immunology and Immunopathology,* 72:325-341.

Gibson, G.R. 2004. Fibre and effects on probiotics (the prebiotic concept). *Clinical Nutritional Supplement,* 1:25-31.

Cummings, J.H.1993. O efeito da fibra alimentar no peso e na composição das fezes. In: Spiller GA (ed) Handbook of dietary fibre in human nutrition. CRC Press, Boca Raton, p 263.

Dunaif, G., Schneeman, B.O. 1981. The effect of dietary fiber on human pancreatic enzyme activity in vitro. *American Journal of Clinical Nutrition,* 34:1034- 1035.

Eastwood, M.A. 1992. O efeito fisiológico da fibra alimentar: uma atualização. *Revisão Anual de Nutrição,* 12:19-3 5.

Garvin, J.E., Forman, D.T., Eiseman, W.R. & Phillips, C.R. 1965. Redução do colesterol sérico humano por um coloide hidrofílico oral. Proc Soc Exp Biol Med 120:744-746.

Fahrenbach, M.J., Riccardi, B.A., Saunders, J.C., Lourie, I.N.& Heider, J.G. 1965. Comparative effetcs of guar gum and pectin on human serum cholesterol levels. Circulation 31:11.

Toppings & clifton 2001. Definição de fibra alimentar e hipóteses de que é um fator de proteção em certas doenças. *American Journal of Clinical Nutritional, 29(tyAYl-* 427.

Kendall, C.W., Esfahani, A. & Jenkins, D.J.A. 2009. A ligação entre a fibra alimentar e a saúde humana. *Food Hydrocolloids,* 24(l):42-48.

CAPÍTULO 3

FRUTAS E LEGUMES COMO INGREDIENTE FUNCIONAL DA FIBRA ALIMENTAR

[1]Owais Ali Wani,[2*] S A Sofi,[3] Ishfaq Sofi e[4] Muneer Ahmad Dar

[1]Divisão de Química Agrícola e do Solo, SKUAST-Jammu

[2*]Divisão de ciência e tecnologia alimentar, SKUAST-Jammu

[3]Universidade profissional de Lovely, Punjab

[4]Departamento de tecnologia alimentar IUST Awantipora,

Introdução

Nos últimos anos, a utilização de fibra alimentar tem aumentado devido às propriedades funcionais e promotoras de saúde das fibras alimentares. A importância da ingestão de fibra, no entanto, foi maximizada. Numerosa literatura (Aldoori et al 1998; Jenkins et al 1998) demonstrou os efeitos benéficos do consumo de fibras na proteção contra doenças do coração e cancro, que são mais propensas no mundo atual devido à utilização de junk foods e alimentos tratados quimicamente, normalização dos lípidos no sangue, regulação da absorção de glicose e secreção de insulina e prevenção da obstipação e da doença diverticular. A fibra alimentar é definida como os componentes polissacáridos e a lenhina das plantas que são indigestos para as enzimas do trato gastrointestinal humano (Bermink 1994). Os componentes da fibra alimentar incluem a celulose, a hemicelulose, a pectina, os hidrocolóides e a lignina. Estes componentes são normalmente divididos em duas categorias. As fibras alimentares solúveis são os componentes que são solúveis em água, como as fibras de frutas e legumes (Wardlaw e Insel 1997). A técnica de suplementação tem sido utilizada para aumentar o teor de fibra dos alimentos. Há anos que se encontram disponíveis algumas fibras fortificadas de frutos e vegetais em produtos de pastelaria (Matz 1991). Embora a suplementação se tenha concentrado em produtos de panificação, como bolachas, biscoitos e outros produtos à base de cereais, o aumento da fibra de frutos e vegetais em snacks, bebidas, especiarias, imitações de queijos, molhos, alimentos congelados, carnes enlatadas, análogos de carne e outros alimentos também tem sido investigado com importância para a saúde (Hesser 1994). Tradicionalmente, a suplementação de fibra tem-se centrado na utilização de subprodutos da moagem de cereais. No entanto, existem muitas outras fontes de fibra alimentar, como frutos, legumes e cereais menos utilizados, como a cevada, que são fontes potenciais de suplementos de fibra alimentar.

Suplementos de fibras provenientes de frutos e legumes

1. Maçãs e peras

O teor de fibras das maçãs é recuperado como resíduo da fábrica de sumos e utilizado como ingrediente de fibras em produtos alimentares (Morris 1985). Os produtos em que estas fibras estão presentes têm boas propriedades funcionais, tais como capacidades de retenção de água de 9-10 para 1 (fibra de maçã) e 5 para 1 (fibra de pera) devido à celulose, hemicelulose, lenhina e pectina. As aplicações prospectivas para estes produtos de fibra incluem pão e outros produtos de pastelaria, cereais e produtos de granola, laxantes, produtos farmacêuticos e alimentos para animais de estimação. A fibra de bagaço de maçã foi avaliada quanto à sua funcionalidade hidro-coloidal através de viscosimetria por (Walter *et al* 1985). Um total de 44% do bagaço de maçã lavado e seco ao ar foi recuperável, com 26% da porção insolúvel e a-celulósica da degradação alcalina da fração sólida e 10-18% da fração extraída com solvente sendo recuperável. Ambas as fracções tinham o potencial de fornecer um volume não nutritivo a sistemas aquosos sólidos e semi-sólidos. A fração extraída com solvente era coloidalmente funcional devido à sua capacidade de dispersar a água. A fibra de maçã extraída, que é alcalina, apresentou possíveis problemas de textura devido à potencial formação de sítios cristalinos. Os resultados de viscosidade indicaram que a maioria dos extractos eram capazes de fornecer uma elevada proporção de sólidos a sistemas aquosos numa gama de pH de 4,0 a 8,0 sem alterar significativamente as propriedades reológicas (Chen et *al* 1988). Investigou-se a fibra de maçã seca por pulverização em comparação com farelos de trigo e de aveia em pão, bolachas e muffins. A fibra de maçã continha mais fibra dietética total do que o farelo de trigo ou de aveia. Numa base seca, a composição da fibra de maçã era de 40% de celulose, 19% de hemicelulose solúvel em água, 15% de lenhina, 9% de pectina insolúvel em água e 4% de hemicelulose insolúvel em água. A capacidade de retenção de água da fibra de maçã (9,36 g de água/g de sólido) foi superior à da sêmea de trigo (5,03 g de água/g de sólido) ou à da sêmea de aveia (2,10 g de água/g de sólido). A fibra de maçã aumentou a absorção de água e o peso do pão, em comparação com os produtos fabricados com farelo de trigo ou de aveia. A qualidade das bolachas e dos muffins não foi afetada negativamente pela fibra de maçã a um nível de substituição de 4% ou menos. A fibra de maçã foi recomendada como fonte de fibra alimentar e como humectante. As capacidades de retenção de água para várias misturas de fibra de maçã ou celulose adicionadas ao glúten de trigo foram determinadas por Chen et al. A relação entre a capacidade de retenção de água e a combinação glúten/fibra não foi linear como esperado, indicando uma possível interação entre a fibra e o glúten. Esta interação pode explicar as propriedades de cozedura reduzidas do pão que contém fibra de maçã. As propriedades composicionais e funcionais dos bagaços de maçã secos em tambor (DDAP) e liofilizados (FDAP) foram comparadas por (Wang e Thomas 1989). Ambos os produtos incluíam sementes, peles e caroços. O teor total de fibra alimentar foi de 33,24% no DDAP e de 35,29% no FDAP com

A celulose constitui a maior parte da fibra. Embora o FDAP tenha sido menos alterado pela secagem, o DDAP foi mais económico e foi avaliado como fonte de açúcar e fibra alimentar em produtos de panificação. Os muffins experimentais feitos com DDAP continham ligeiramente mais quilocalorias do que os muffins de farelo de controlo devido ao elevado teor de açúcar no DDAP. Os resultados da avaliação sensorial indicaram que os muffins de bagaço de maçã tinham boa textura e sabor e eram mais doces, mais macios e mais húmidos do que os muffins de farelo de controlo. As misturas de bagaço de maçã remanescente após a extração do sumo e de casca de arroz utilizada como auxiliar de filtragem foram avaliadas como potenciais fontes de fibra alimentar por Carson et al. Numa base de matéria seca (DMB), a mistura de bagaço tinha uma média de 36,8% de fibra alimentar e 54,4% de hidratos de carbono e era composta por 70,0 a 75,7% de polpa de maçã, 20,1 a 26,4% de casca de arroz, 2,2 a 3,3% de sementes e 0,4 a 0,9% de caule (Carson *et al.*, 1994). O pH da mistura de bagaço de maçã foi em média de 4,33 e a capacidade de retenção de água foi em média de 0,13 ml/g. A cor do produto de mistura de bagaço foi afetada pela cultivar da maçã, sendo o bagaço feito de maçãs Golden Delicious o mais claro e menos vermelho e o feito de maçãs Winesap o mais escuro e mais vermelho. Todos os biscoitos foram apreciados moderadamente. (Martin-Cabrejas et *al* 1995) avaliaram produtos de fibra alimentar preparados a partir de bagaços remanescentes após ultrafiltração por membrana de purés de kiwi e pera. O bagaço de pera continha 43,9% de fibra alimentar total (DMB), enquanto o bagaço de kiwi continha 25,8% de fibra alimentar total (DMB). A fibra alimentar solúvel em ambos os bagaços era principalmente pectina com alto teor de metoxila (Martin-Cabrejas et *al* 1995).

2. Laranjas.

Ting e Rouseff (1983) observaram os sólidos insolúveis em álcool da casca e da polpa que permanecem após a produção de sumo de duas variedades de laranjas e uma variedade de toranja. Os sólidos insolúveis em álcool foram fraccionados em componentes solúveis em álcali (50-60%) e solúveis em ácido (1012%). Os restantes sólidos foram designados por "celulose". Os açúcares neutros detectados incluíam arabinose, galactose, xilose e glucose (Ting e Rouseff 1983). A fibra cítrica produzida a partir de células de sumo de laranja continha 54% de fibra insolúvel e 22% de fibra solúvel (Steger 1991). A fibra tinha uma capacidade de retenção de água de 11:1 e uma capacidade de absorção de gordura de 3 a 4 vezes o seu peso. As caraterísticas organolépticas da fibra de citrinos não afectaram negativamente as propriedades dos alimentos. As aplicações sugeridas incluem bebidas, sumos de fruta, alimentos para bebés, sopas, sobremesas e produtos lácteos (Steger E 1991). A casca de laranja e os resíduos da polpa da extração do sumo de laranja continham um teor total de fibra alimentar de 35,4 a 36,9% (DMB) e eram ricos em substâncias pécticas (15,7 a 16,3% DMB), celulose e hemicelulose (16,6 a 18,1% DMB) e lenhina (2,2 a 3,0% DMB). A fibra cítrica tinha um baixo teor calórico (3,5 a 3,7 kcal/g), alta capacidade de retenção de água (7,3 a 10,3 g de água/g de fibra) e alta absorção de óleo (0,9 a 1,3 g de óleo/g de fibra). A fibra dietética de laranja foi sugerida como uma fonte potencial de polpa para bebidas turvas, como espessante, agente gelificante, aglutinante e texturizante e como um agente de volume de baixa caloria (Grigelmo-Miguel e Martin-Belloso 1997). (Larrauri et al 1997) avaliaram os efeitos da utilização de água reciclada para a lavagem de cascas de laranja para serem transformadas num produto de fibra alimentar em pó. Quando comparado com a água da torneira, o uso de licores reciclados do despolpamento e da prensagem para lavar a casca teve pouco efeito no teor de açúcar total (12,1 a 13,1%), no teor de fibra alimentar total (70,0 a 71,5%), no teor de fibra solúvel (21 a 22%), no rendimento total (59 a 60%) ou na capacidade de retenção de água (7,8 a 8,1 g de água/g de matéria seca) do produto de fibra em pó resultante. A cor e a qualidade microbiológica da fibra em pó também não foram afectadas pelo tipo de água de lavagem (Larrauri *et al* 1997).

3. Toranja.

O efeito sazonal nas caraterísticas de um produto fibroso preparado a partir da casca de toranja foi estudado por (Larrauri et *al* 1997). O teor total de fibra alimentar foi mais elevado no produto fibroso quando preparado a partir de toranjas colhidas em setembro do que a partir das colhidas em janeiro. Os açúcares neutros totais, a capacidade de retenção de água e o índice de retardamento da glucose diminuíram ao longo da época de colheita. O ácido urónico foi o principal constituinte da fração de fibra solúvel, enquanto a glucose foi o principal componente da fração de fibra insolúvel. Os autores sugerem que a variação sazonal seja tida em conta na preparação da fibra da casca de toranja (Larrauri et *al* 1997).

4. Ananás.

(Larrauri et al., 1997) elaboraram uma bebida em pó contendo fibra alimentar a partir da casca do ananás. A casca de abacaxi de alta qualidade contendo um máximo de 8% de umidade foi finamente moída e misturada com ácido cítrico, açúcar, agente espumante, aromatizante de morango seco e corante para formar a mistura da bebida. O produto, chamado FIBRALAX, continha 25,0% de fibra dietética e 66,2% de hidratos de carbono digeríveis, tinha um valor energético de 287 kcal/100 g e proporcionava um efeito laxante suave (Larrauri et *al* 1995). (Larrauri et *al* 1997) compararam um produto de fibra preparado a partir de cascas de ananás com fibras comerciais feitas de maçã e citrinos. A fibra da casca do ananás continha 70,6% de fibra alimentar total, a maioria da qual era insolúvel. A xilose e a glucose foram os principais açúcares neutros detectados no produto fibroso. A atividade antioxidante da fibra de ananás, potencialmente devida à presença do polifenol miricetina, foi muito mais elevada do que a detectada nas fibras de maçã e de citrinos. A fibra de ananás também foi relatada como tendo propriedades de cor e sabor neutras, o que poderia melhorar a aceitabilidade do produto como um suplemento de fibra dietética (Larrauri *et al* 1997).

5. Pêssegos.

Os resíduos de casca e polpa da extração do sumo de pêssego continham 31 a 36% (DMB) de fibra alimentar, sendo a maior fração (20 a 24%) insolúvel (Grigelmo-Miguel e Martin-Belloso 1997). A fração solúvel (11 a 12%) era mais elevada do que a encontrada nos cereais. A alta afinidade pela água (9,12 a 12,09 g de água/g de fibra), o baixo valor calórico (3,5 a 3,7 kcal/g) e as baixas quantidades de gordura (1,5% DMB), proteína (5,8% DMB) e cinzas (2,9% DMB) sugerem que a fibra alimentar do pêssego pode ser usada como ingrediente alimentar e fonte de fibra. As aplicações sugeridas incluem o uso como fonte de fibra dietética, agente de volume e ingrediente funcional em produtos de panificação, carnes, produtos extrudados e bebidas dietéticas (Grigelmo-Miguel e Martin-Belloso 1997). O efeito da substituição da gordura em salsichas por fibra alimentar de pêssego foi estudado por (Grigelmo-Miguel et *al* 1995). Vinte e 40% de suspensões de fibra dietética de pêssego foram incorporadas em salsichas com baixo teor de gordura contendo 5, 10, 15 e 20% de gordura e comparadas com um controlo só de carne contendo 25% de gordura. A adição de fibra de pêssego às massas das salsichas resultou num aumento da viscosidade, numa diminuição do pH e numa retenção efectiva de água durante a cozedura. Os teores de proteína e colagénio não foram afectados pela adição de fibra de pêssego. Embora as salsichas que continham fibras de pêssego fossem mais escuras do que os controlos e tivessem propriedades de textura mais reduzidas, a avaliação sensorial indicou que as salsichas com baixo teor de gordura e alto teor de fibras eram tão aceitáveis como os controlos só de carne (Grigelmo-Miguel et *al* 1997). O efeito da substituição de 0, 2, 3, 4, 5 e 10% de gordura ou farinha por fibra alimentar de pêssego nas propriedades químicas, físicas e sensoriais dos queques foi estudado por (Grigelmo-Miguel et *al* 1997). A elevada capacidade de retenção de água da fibra de pêssego resultou num aumento do teor de humidade nos muffins. O peso, a altura, a elasticidade e a coesão não foram afectados pela adição de fibra de pêssego, mas a dureza, a mastigabilidade e a gomosidade aumentaram com o aumento do teor de fibra. Os muffins com menos de 10% de fibra de pêssego foram tão aceitáveis para os consumidores como os produtos de controlo (Grigelmo-Miguel et *al* 1997).

6. Mangas.

O processamento das mangas produz 35-60% de subprodutos nos quais a fibra alimentar é encontrada em abundância (Grigelmo-Miguel *et al* 1995). O teor de fibra alimentar das cascas e da polpa fibrosa residual foi de 74% (DMB) com uma relação de fibra solúvel/insolúvel de cerca de 1 e um teor de ácido urónico de 15-20%. Foi detectado um comportamento de afinamento por cisalhamento na fração solúvel em água da fibra. A fibra de manga resultou numa diminuição da digestibilidade total do amido, retardou a amilólise do puré de batata quando utilizado como fonte de amido e retardou a difusão da glucose quando avaliada por métodos in vitro (Gourgue et *al* 1992). Um produto de fibra alimentar preparado a partir de cascas de manga remanescentes após a produção de xarope foi estudado por (Larrauri et *al* 1996). A lavagem e a moagem húmida dos resíduos de manga produziram um produto fibroso com 70 g de polifenóis/kg de fibra e um teor de fibra alimentar solúvel de 281 g/kg de fibra. O produto também foi relatado como tendo uma capacidade de retenção de água de 11,4 g de água/g de fibra (Larrauri et *al* 1996).

7. Uvas.

(Valiente et *al.*, 1995) avaliaram o bagaço de uva (peles e sementes) das uvas Airen como uma potencial fonte de fibra alimentar. A fibra alimentar representou 77,89% (DMB) do bagaço de uva, com 68,36% de fibra alimentar insolúvel e 9,53% de fibra alimentar solúvel. Um elevado teor de glicose foi associado a um elevado teor de celulose na fração insolúvel da fibra alimentar. A hemicelulose e pequenas quantidades de substâncias pécticas também estavam presentes no bagaço de uva. O elevado teor de cinzas detectado no bagaço de uva indicava um teor potencialmente elevado de minerais. Os resultados do estudo indicam que o bagaço de uva pode ser utilizado como um ingrediente com elevado teor de fibra alimentar nos alimentos (Valiente et *al* 1995). Tâmaras As sementes de tâmaras foram avaliadas por (Almana e Mahmoud 1994) como uma fonte de fibra alimentar. A fibra da semente de tâmara finamente moída tinha um teor total de fibra alimentar de 71%, enquanto a fração grosseiramente moída continha 80% de fibra alimentar total. Os teores totais de fibra alimentar, as caraterísticas reológicas e as propriedades sensoriais de pães planos Saudi Mafrood contendo 0, 5, 10 e 15% de fibras de sementes de tâmara foram comparados com pães planos de controlo contendo farelo de trigo. As propriedades reológicas eram semelhantes para as massas que continham fibras grosseiras de sementes de tâmara ou farelo de trigo. O pão que continha 10% de fibra de semente de tâmara grossa tinha um teor de fibra alimentar mais elevado e propriedades sensoriais semelhantes às do controlo com farelo de trigo. Os pães que continham a fibra fina de semente de tâmara tinham um teor de fibra alimentar mais elevado do que os controlos de farelo de trigo, mas uma cor, sabor, odor, mastigação, uniformidade e aceitabilidade global inferiores (Almana e Mahmoud 1994).

8. Beterraba sacarina.

(Christensen, 1989) relatou a utilização de fibra de beterraba sacarina em alimentos. A sensação na boca, o sabor e a cor dos cereais extrudidos e prontos a comer não foram afectados pela adição de até 4% de fibra de beterraba sacarina. Um pão multigrãos com baixo teor de calorias e contendo 8% (peso da massa) de fibra de beterraba sacarina apresentou propriedades físicas e organolépticas aceitáveis e os queques contendo 4,3% de fibra de beterraba sacarina mantiveram uma textura e um sabor aceitáveis durante todo o seu período de conservação. A elevada capacidade de retenção de água e as caraterísticas de baixa viscosidade da fibra de beterraba sacarina desempenharam um papel crítico na aplicabilidade da fibra de beterraba sacarina na produção de produtos alimentares (Christensen 1989). O processamento e as caraterísticas do produto de produtos extrudidos preparados a partir de fibra de beterraba sacarina e farinha de com foram estudados por (Lue *et al* 1991). Níveis mais elevados de fibra de beterraba sacarina foram associados a uma menor expansão radial e a um maior alongamento nos produtos extrudidos. As partículas mais pequenas de fibra de beterraba foram associadas a melhorias na expansão do produto. Foram registadas ligeiras diminuições nos teores de fibra alimentar insolúvel, solúvel e total nos produtos extrudidos em comparação com os ingredientes em bruto (Lue et *al* 1991).

9. Cana-de-açúcar.

As propriedades reológicas, físicas, de cozedura e sensoriais do pão preparado a partir de farinha de trigo suplementada com fibra de cana-de-açúcar bioconvertida foram investigadas por (Tao et *al* 1995). O pico de viscosidade diminuiu substancialmente com o aumento dos níveis de fibra de cana-de-açúcar, mas as temperaturas de pastoreio e de pico não foram afectadas. O pão que continha 10 ou 15% de fibra de cana-de-açúcar era amarelo mais escuro, mais firme, mais granuloso, ligeiramente mais amargo e menos aceitável do que o pão comercial de fibra de aveia (Tao et *al* 1995). Análises instrumentais e um painel sensorial treinado foram utilizados por (Douglas et *al* 1995) para avaliar uma variedade de produtos cozidos contendo 0, 6,5, 13,5 ou 20% de fibra de cana-de-açúcar. Os testes de perfuração, quebra de três pontos e compressão usando uma máquina de testes universal indicaram que todos os produtos endureceram à medida que o nível de fibra aumentou. O espalhamento, a espessura, a cor e os atributos sensoriais das bolachas de açúcar foram afectados negativamente pela adição de fibra, mas as bolachas que continham até 13,5% de fibra de cana-de-açúcar foram ainda consideradas aceitáveis. O volume e as caraterísticas sensoriais também foram afectados negativamente nos pães de levedura à medida que o nível de fibra de cana-de-açúcar aumentava. O pão de gengibre foi o menos afetado pela adição de produtos com fibra. A principal limitação ao uso da cana-de-açúcar como suplemento de fibra em alimentos foi relatada como sendo a sensação na boca (Douglas et *al.,* 1995). O uso de uma fibra de cana-de-açúcar bioconvertida em crosta de pizza foi investigado por (Chang et *al* 1997).

Embora a firmeza da crosta tenha aumentado com o aumento da suplementação de fibra, a crosta de pizza contendo 10% de fibra de cana-de-açúcar bioconvertida manteve caraterísticas aceitáveis. As caraterísticas físicas e organolépticas indicaram que a massa de pizza suplementada com 5% de fibra de cana-de-açúcar bioconvertida era mais aceitável (Chang *et al* 1997).

10. Azeitonas.

(Valiente et *al.*, 1995) examinaram a modificação enzimática e a composição da fração fibrosa do bagaço de azeitona, um subproduto da transformação da azeitona. O teor total de fibra alimentar foi de 800 g/kg de matéria seca, sendo a maior parte insolúvel. A fração insolúvel continha principalmente celulose, xiloglucanos e ácidos urónicos, enquanto a fração solúvel era composta principalmente por arabinanos e ácidos urónicos. O tratamento enzimático do bagaço de azeitona com Viscozyme ou Olive resultou numa melhoria das propriedades de cozedura quando testado a um nível de substituição de 10% (Valiente et *al* 1995).

11. Batatas.

Os efeitos do processamento térmico na composição da fibra alimentar e na capacidade de hidratação das cascas de batata foram investigados por (Camire & Flint 1991). Tanto a cozedura como a extrusão resultaram num aumento do teor total de polissacáridos não amiláceos nas cascas de batata, mas apenas a extrusão foi associada a um aumento do rácio entre polissacáridos não amiláceos solúveis e insolúveis. A transformação provocou uma diminuição do teor de lenhina Klason, mas não afectou o teor de ácidos urónicos. Tanto a cozedura como a extrusão resultaram numa diminuição da capacidade de hidratação da água das cascas de batata (Camire & Flint 1991). Camire et *al.* (1997) estudaram as diferenças na composição da fibra alimentar das cascas de batata em função do método de descasque e da cozedura por extrusão. As cascas de batata, utilizando os métodos de descasque por abrasão ou vapor, foram extrudidas a temperaturas de barril de 110 °C ou 150 °C e humidades de alimentação de 30 ou 35%. A extrusão foi associada a um aumento da fibra alimentar total e dos teores de lenhina e a uma diminuição do teor de amido nas cascas a vapor. O teor de lenhina diminuiu, mas o teor total de fibra alimentar não foi afetado nas cascas de abrasão extrudidas. Os polissacáridos solúveis não amiláceos aumentaram em ambos os tipos de cascas como resultado da extrusão. A quantidade mais elevada de glucose recuperada da fração de fibra insolúvel das cascas extrudidas por vapor foi referida como indicando a possível formação de amido resistente (Camire et *al* 1997).

12. Cenouras.

Os efeitos do branqueamento nas caraterísticas da polpa de cenoura remanescente após a extração do sumo foram investigados por (Bao & Chang Bao e Chang 1994). A polpa branqueada continha 37-48% de fibra alimentar total, 4-5% de proteínas, 8-9% de açúcares redutores e 5-6% de minerais. A polpa branqueada também retinha 31-35% do total de caroteno das cenouras frescas e tinha uma capacidade de retenção de água de 9,42-10,52 g de água/g de polpa. Os produtos de polpa de cenoura foram considerados bons suplementos de fibra alimentar (Bao & Chang Bao e Chang 1994).

13. Couve-flor.

(Femenia *et al.*, 1997) avaliaram as caraterísticas da fibra de couve-flor desidratada e o efeito da suplementação de fibra de couve-flor nas propriedades físicas e sensoriais de alimentos modelo. As amostras de floretes de couve-flor continham 40% (DMB) de fibra, os caules superiores continham 48% de fibra (DMB) e as amostras de caules inferiores continham 65% de fibra (DMB). Os floretes e os caules superiores continham 50-60% de substâncias pécticas e 35% de celulose, enquanto os caules inferiores continham altos níveis de celulose (51% DMB) e hemicelulose (21% DMB). A desidratação reduziu o inchaço e as propriedades de retenção de água em amostras individuais de fibras. A incorporação de fibras de couve-flor em produtos de carne resultou em maiores rendimentos e maior firmeza do produto, mas apenas ligeiras alterações nas propriedades sensoriais. As fibras de couve-flor aumentaram geralmente a viscosidade e a granulosidade dos molhos e foi detectado um sabor residual de couve-flor nesses produtos. A adição de fibras de couve-flor ao paté de cenoura resultou em descoloração e perda de firmeza, enquanto a quiche que continha as fibras era menos gelatinosa, mas manteve a cor. O sabor da couve-flor era detetável tanto no patê como na quiche (Femenia et *al* 1997).

14. Cascas de cacau.

As cascas de cacau foram consideradas como uma fonte de fibra alimentar por (Martin-Cabrejas et *al* 1994). O teor total de fibra alimentar das cascas foi elevado (504 g de fibra/kg de cascas DMB). A maior parte da fibra estava na forma insolúvel. A celulose representou 92 g/kg, os polissacáridos não amiláceos 222 g/kg e a lenhina 161 g/kg do teor total de fibra. As substâncias pécticas (107 g/kg) detectadas incluíam tanto pectinas de baixo metoxilo na fração insolúvel como pectinas de alto metoxilo na fração solúvel. Os autores sugeriram que as cascas de cacau poderiam ser usadas em combinação com outras fontes de fibra para suplementar o conteúdo de fibra dietética em produtos alimentares (Martin-Cabrejas et *al* 1994).

15. Chile.

O produto feito a partir de cascas e sementes de malagueta verde secas e moídas foi avaliado por (Matsuda 1997). A fibra da pimenta verde tinha mais fibra alimentar insolúvel (FDI; 77,65%) e total (FDT; 80,41%) do que o farelo de aveia (7,56% FDI, 8,23% FDT) e o farelo de arroz (25,95% FDI, 27,42% FDT). A fibra solúvel não diferiu ($p > 0,05$) entre as fontes de fibra. A densidade aparente da fibra de malagueta verde era mais do dobro da do farelo de aveia e a cor verde-amarelada da fibra poderia ser um fator potencialmente limitante. Os muffins de fibra de malagueta verde eram visualmente mais verdes do que os produtos feitos com farelo de aveia ou de arroz. A avaliação sensorial dos muffins não foi efectuada devido às elevadas cargas microbianas detectadas tanto na fibra de malagueta verde como no farelo de aveia (Matsuda 1997).

Resumo

Embora o interesse na fibra como ingrediente alimentar tenha diminuído nos últimos anos, a importância da fibra não pode ser negligenciada. Os benefícios para a saúde, juntamente com as propriedades funcionais, tais como a capacidade de retenção de água, o sinergismo com os edulcorantes e as propriedades de substituição de gorduras, criaram um interesse renovado na fibra, particularmente na indústria nutracêutica. Muitos dos suplementos de fibra que têm sido investigados são obtidos a partir de subprodutos resultantes da transformação de frutas, vegetais, legumes e outros produtos alimentares. Por conseguinte, uma maior utilização de suplementos de fibra não só melhoraria os benefícios para a saúde e as propriedades funcionais de muitos alimentos, como também poderia proporcionar benefícios ecológicos aos produtores de alimentos.

Referências

Aldoori VM, Giovannucci EL, Rockett HRH, Sampson L, Rimm EB e WilletWC .1998. A prospective study of dietary fiber types and symptomatic diverticular disease in men. *Journal of nutrition.* 128: 714-719.

Jenkins DJA, Kendall CWC e Ransom TPP.1998. Dietary fiber, the evolution of the human diet and coronary heart disease. *Nutrition Research.!^-.* 633-652.

Salmeron J, Ascherio A, Rimm EB, Colditz GA, Spiegehnan D, Jenkins DJ, Stampfer MJ, Wing AL e Willett WC. 1997. Dietary fiber, glycemic load, and risk of NIDDM in men. *Diabetes Care.* 20: 545-550.

Kritchevsky D e Bonfield C. 1997. Fibra alimentar na saúde e na doença. 5° Simpósio sobre Fibra Alimentar. Advances in Experimented Medicine and Biology, Vol 427. New York: Plenum Press.

Bermink MR. 1994. Análise de fibras. In: Nielson SS (ed), Introduction to the Chemical Analysis of Foods, pp 169-180. Boston, MA: Jones and Bartlett Publishers, Inc.

Wardlaw GM e Insel PM . 1997. Perspectives in Nutrition, 3ª edição. St. Louis, MO: Mosby-Year Book, Inc.

Matz SA. 1991. The Chemistry and Technology of Cereals as Food and Feed. New York: Van Nostrand Reinhold Publishing, pp 731-741.

Hesser JM. 1994. Applications and usage of dietary fibre in the USA. Int Food Ing 2: 5052,

Citado em *Food Science and Technology* Abstr 26: 6A70.

Morris CE. 1985. Fibra de maçã e pera. *Engenharia Alimentar. ST. 12.*

Walter RH, Rao MA, Sherman RM, Cooley HJ. 1985. Fibras comestíveis do bagaço de maçã. *Journal of Food Science.* 50: 747-749.

Chen H, Rubenthaler GL, Leung H, Baranowski JD. 1988. Propriedades químicas, físicas e de cozedura da fibra de maçã em comparação com o farelo de trigo e de aveia. *Cereal Chemistry.* 65: 244- 247.

Chen H, Rubenthaler GL, Schanus EG. 1988. Efeito da fibra de maçã e da celulose nas propriedades físicas da farinha de trigo. *Journal of Food Science.* 53: 304-305.

Wang HJ e Thomas RL. 1989. Utilização direta de bagaço de maçã em produtos de panificação. Journal of Food Science. 54: 618-620, 639.

Carson KJ, Collins JL e Penfield MP. 1994. Bagaço de maçã seco e não refinado como potencial ingrediente alimentar. *Journal of Food Science.* 59: 1213-1215.

Martin-Cabrejas MA, Esteban RM, Lopez-Andreu FJ, Waldron K e Selvendran RR. 1995. Teor de fibra alimentar dos bagaços de pera e kiwi. *Journal of Agricultural Food Chemistry.* 43: 662-666.

Ting SV e Rouseff RL.1983. Fibra alimentar de resíduos de citrinos: Caracterização. ACS Symposium Series 214: 205-219.

Steger E (1991) Physiochemical properties of citrus fiber and potential use. In: Livro de Resumos, Reunião Anual do Instituto de Tecnólogos de Alimentos. Resumo nº 506, p 214.

Grigelmo-Miguel N, Martin-Belloso O (1997) Fibra alimentar como subproduto da extração de frutos de laranja. In: Livro de Resumos, Reunião Anual do Instituto de Tecnólogos de Alimentos. Resumo nº 13C-38, p 39.

Larrauri JA, Borroto B, Crespo AR (1997) Water recycling in processing orange peel to a high dietary fibre powder. Int J Food Sci Tech 32: 73-76.

Larrauri JA, Ruperez P, Borroto B, Saura-Calixto F (1997) Seasonal changes in the composition and properties of high dietary fibre powder from grapefruit peel. J Sci Food Agric 74: 308-312.

Larrauri JA, Borroto B, Perdomo, U, Tabares Y (1995) Fabrico de uma bebida em pó com fibras alimentares: FIBRALAX. Alimentaria 260: 23-25. Citado em Food Sci Tech Abstr28: 8HI08 (1996).

Larrauri JA, Ruperez P, Saura-Calixto F (1997) Pineapple shell as a source of dietary fiber with associated polyphenols. J Agric Food Chern 45: 4028-4031.

Grigelmo-Miguel N, Martin-Belloso O (1997) A fibra alimentar do pêssego como

ingrediente alimentar.
In: Livro de Resumos, Reunião Anual do Instituto de Tecnólogos de Alimentos. Resumo nº 13C-29, p 36.

Grigelmo-Miguel N, Motilva-Casado MJ, Martin-Belloso O (1997) Caracterização de salsichas com baixo teor de gordura utilizando fibra alimentar de pêssego como ingrediente. In: Livro de Resumos, Reunião Anual do Instituto de Tecnólogos Alimentares. Resumo nº 23E-15, p 74.

Grigelmo-Miguel N, Monico-Pifarre A, Martin-Belloso O (1997) Aspectos qualitativos dos muffins com baixo teor calórico e com elevado teor de fruta e fibra alimentar. In: Livro de Resumos, Reunião Anual do Instituto de Tecnólogos Alimentares. Resumo nº 23E-14, p 74.

Gourgue CMP, Champ MJM, Lozano Y, Delort-Laval J (1992) Fibra alimentar de subprodutos da manga: Caracterização e efeitos hipoglicémicos determinados por métodos in vitro. J Agric Food Chern 40: 1864-1868.

Larrauri JA, Ruperez P, Borroto B, Saura-Calixto F (1996) As cascas de manga como uma nova fibra tropical: Preparação e caraterização. Leben Wiss Tech 29: 729-733.

Valiente C, Arrigoni E, Esteban RM, Amado R (1995) Grape pomace as a potential food fiber. J Food Sei 60: 818-820.

Almana HA, Mahmoud RM (1994) Palm date seeds as an alternative source of dietary fiber in Saudi Arabia. Eco Food Nutr 32: 261-270.

Christensen EH (1989) Characteristics of sugarbeet fiber allow many food uses. Cereal Foods World 34: 541-542, 544.

Lue S, Hsieh F, Huff HE (1991) Cozedura por extrusão de farinha de com e fibra de beterraba sacarina: Efeitos nas propriedades de expansão, gelatinização do amido e teor de fibra alimentar. Cereal Chern 68: 227-234.

Tao J, Nip WK, Liang T (1995) Breadmaking study of bioconverted sugarcane fiber and wheat flour blends. In: Livro de Resumos, Reunião Anual do Instituto de Tecnólogos de Alimentos. Resumo nº 93E-2, p 290.

Douglas LC, Clarke SJ, Rao, RM, Grodner RM (1995) Produtos de panificação que incorporam fibra de cana-de-açúcar. In: Livro de Resumos, Reunião Anual do Instituto de Tecnólogos de Alimentos. Resumo nº 93E-3, p 290.

Chang CW, Nip WK, Liang T, Tao J (1997) Fibra de cana-de-açúcar bioconvertida em massa de pizza. In: Livro de Resumos, Reunião Anual do Instituto de Tecnólogos de Alimentos. Resumo nº 23E-13, p 74.

Valiente C, Arrigoni E, Esteban RM, Amado R (1995) Chemical composition of olive by-product and modifications through enzymatic treatments. J Sci Food Agric 69: 27-32.

Camire ME, Flint SI (1991) Thermal processing effects on dietary fiber composition and hydration capacity in com meal, aat meal, and potato peels. Cereal Chern 68: 645-647.

CamireME, Violette D, DoughertyMP, McLaughlin MA (1997) Potato peel dietary fiber composition: Efeitos dos processos de cozedura por descasque e extrusão. J Agric Food Chern 45: 1404-1408.

Bao B, Chang KC (1994) Carrot pulp chemical composition, color, and water-holding capacity as affected by blanching. J Food Sci 59: 1159-1161.

Femenia A, Lefebvre AC, Thebaudin JY, Robertson JA, Bourgeois CM (1997) Physical and sensory properties of model foods supplemented with cauliflower fiber. J Food Sci 62: 635-639.

Martin-Cabrejas MA, Valiente C, Esteban RM, Molla E, Waldron K (1994) Cocoa hull: A potential source of dietary fibre. J Sei Food Agric 66: 307-311.

Matsuda N (1997) Cascas e sementes de pimentão verde em comparação com farelo de aveia e farelo de arroz como fonte de fibra dietética para alimentação humana. Tese de mestrado, Departamento de Economia Doméstica, Universidade Estadual do Novo México, Las Cruces, NM.

Pszczola DE (1998) Fiber has a strong supporting role in nutraceutical movement. FoodTech 52: 90-96.

CAPÍTULO 4

PRODUTOS À BASE DE CEREAIS ENRIQUECIDOS COM FIBRAS ALIMENTARES

Shafiya Rafiq Beena Munaza e S A Sofi

Divisão de ciência e tecnologia alimentar, SKUAST-Jammu

Introdução

As exigências dos consumidores no domínio da produção de alimentos transformados mudaram consideravelmente nas últimas décadas. Atualmente, os alimentos não se destinam apenas a satisfazer a fome e a fornecer os nutrientes necessários, mas também a prevenir doenças relacionadas com a nutrição e a melhorar o bem-estar físico e mental dos consumidores (Betoret et al., 2011; Brouns e Vermeer, 2000). A este respeito, os alimentos funcionais oferecem uma excelente oportunidade para melhorar a qualidade dos produtos. Os alimentos funcionais eram caracterizados pela fortificação com vitaminas e/ou minerais, mas agora o foco mudou para alimentos enriquecidos com fibra alimentar (FD) e vários micronutrientes, como o ácido gordo Ω-3, fitoesterol (Betoret et al., 2011). Em particular, a FD contribui para atenuações fisiológicas como a ligação ao colesterol e às gorduras, a diminuição dos níveis de glicose no sangue, prevenindo a obstipação e facilitando uma boa saúde do cólon devido às suas diversas funções físico-químicas como a ligação à água e a alteração da viscosidade (Grajek et al., 2005; Greenwald et al., 2001; Kale et al., 2011; Rodriguez et al., 2006; Tudorica et al., 2002). A fibra alimentar é composta por hidratos de carbono não digeríveis, lenhina e outras substâncias associadas de origem vegetal, fibras de origem animal e polímeros de hidratos de carbono não digeríveis modificados ou sintéticos. Os hidratos de carbono não digeríveis são constituídos pelos seguintes polissacáridos: celulose, b-glucano, hemiceluloses, gomas, mucilagem, pectina, inulina, amido resistente; oligossacáridos: fruto-oligossacáridos, oligofrutose, polidextrose, galacto-oligossacáridos; e oligossacáridos de soja: rafinose e estaquiose (Borderfas et al., 2005). Os cereais são a principal fonte de celulose, lenhina e hemicelulose, enquanto os frutos e os legumes são as principais fontes de pectina, gomas e mucilagem (Normand, Ory & Mod, 1987). A consciência sanitária dos consumidores levou-os a optar por suplementos naturais, receando que os ingredientes sintéticos possam ser a fonte de toxicidade. Neste contexto, os subprodutos ricos em fibras alimentares e compostos bioactivos podem ser um prémio para os transformadores de alimentos. A fibra alimentar dos cereais possui muitos efeitos nutritivos e protectores benéficos, tais como o farelo de trigo pode oferecer proteção contra o cancro do cólon, mesmo quando é consumido com uma dieta rica em gorduras e pobre em cálcio (Alabaster, Tang & Shivapurkar, 1997), o farelo de aveia pode reduzir o colesterol sérico devido à sua capacidade de se ligar ao ácido biliar (Drizikova, Dongowski, Gebhardt & Habel, 2005). Pode também melhorar a gestão da obstipação e a biodisponibilidade da vitamina B12 nos idosos com múltiplas doenças crónicas (Sturtzel, Dietrich, Wagner, Gisinger &

Elmadfa, 2010), etc. A incorporação de subprodutos ricos em fibras, incluindo o farelo de trigo nos cereais de pequeno-almoço, o farelo de arroz, o bagaço de cana-de-açúcar, o farelo de trigo no pão e o concentrado de fibras alimentares de pêssego na compota, foi investigada e comunicada resultados encorajadores. (Abdul-Hamid & Luan, 2000; Grigehno-Miguel & Martina-Belloso, 1999b; Sangnark & Noomhorm, 2003; Vetter, 1984). As sementes de leguminosas moídas e fraccionadas contribuem com fontes ricas e benéficas de fibras alimentares para a alimentação (Tosh & Yada, 2010).

De acordo com as recomendações actuais, a quantidade de ingestão diária de FD por adulto deve situar-se entre 25-38 g (Food and Nutrition Board, Institute of Medicine, 2001; Romo et al., 2008). O alimento pode ser selecionado como uma "fonte de fibra" se contiver pelo menos 3 g de fibra por 100 g (ou 1,5 g de fibra por 100 kcal) e pode ser selecionado como "rico em fibra" se contiver pelo menos 6 g por 100 g (ou 3 g de fibra por 100 kcal) (Comissão Europeia, 2006). A Food and Drug Administration (FDA) dos EUA aprovou alegações de saúde para duas fibras alimentares, o beta-glucano (0,75 g/porção) e o psílio (1,78 g/porção), partindo do princípio de que 4 porções/d reduziriam o risco de doenças cardiovasculares (Jenkins et al., 2002). De acordo com as recomendações do Codex Alimentarius (2009), qualquer produto que alegue ser uma "fonte" de fibra deve conter 3 g de fibra por 100 g de porção ou 1,5 g de fibra por 100 kcal de porção ou 10% do valor diário de referência por porção, enquanto que para alegar que um alimento é "rico" em fibra, o produto deve conter pelo menos 6 g de fibra por 100 g de porção ou 3 g de fibra por 100 kcal de porção ou 20% do valor diário de referência por porção. Uma forma de aumentar a ingestão de fibras é através da sua incorporação em alimentos básicos. No entanto, ao fazê-lo, existe o desafio de otimizar os potenciais benefícios para a saúde derivados da FD, mantendo a aceitabilidade do alimento pelo consumidor. Vários estudos investigaram a influência da suplementação com FD (inulina, fruto-oligofrutose, P-glucanos, arabinoxilanos e amido resistente) na qualidade dos alimentos que contêm cereais, como massas, pão, muffins e snacks extrudidos (Almeida et al., 2013; Aravind et al., 2012a; Aravind et al., 2012b; Borneo e Aguirre, 2008; Brennan et al., 2008; Wang et al., 2002).

Massa

Nos últimos anos, as massas alimentícias tornaram-se ainda mais populares devido às suas propriedades nutricionais e ao facto de serem consideradas como um produto com um baixo índice glicémico. As massas alimentícias são alimentos básicos ricos em amido, amplamente consumidos em todo o mundo e preferidos pelos consumidores devido à sua facilidade de transporte, manuseamento, cozedura e armazenamento. As massas alimentícias têm sido consideradas pela Organização Mundial de Saúde (OMS) e pela Food and Drug Administration (FDA) como um bom veículo para a adição de nutrientes. (A suplementação de massas com proteínas, fibras alimentares, vitaminas e minerais ou a substituição (parcial ou total) da sêmola de trigo duro por farinhas não convencionais foi investigada por muitos investigadores (Borneo e Aguirre, 2008; Chillo et al., 2008;

Torres et al., 2007). Foi demonstrado que a adição de fibra alimentar reduz o índice glicémico da massa (Brennan e Tudorica, 2008; Chillo et al., 2011a; Chillo et al., 2011b), introduz benefícios adicionais para a saúde e permite desenvolver novos produtos alimentares funcionais. Chillo et al. (2008) adicionaram fibra alimentar à massa e relataram uma diminuição da suscetibilidade à rutura em relação ao controlo, mas não encontraram qualquer diferença significativa nas caraterísticas de qualidade, como a resistência à cozedura, a perda por cozedura e a viscosidade instrumental em relação à amostra de controlo. Além disso, ao submeter as amostras à análise do consumidor, as amostras de esparguete com farinha e farelo de trigo sarraceno adicionados demonstraram propriedades sensoriais bastante semelhantes às do esparguete feito apenas com sêmola de trigo duro, em particular no que diz respeito à qualidade geral. Borneo e Aguirre (2008) fortificaram massa com farinha de folhas de amaranto secas (17,5g/100 g) e concluíram que era semelhante à produzida com folhas de espinafre adicionadas em termos de composição química, qualidade de cozedura, caraterísticas texturais (firmeza e adesividade) e aceitação sensorial (Aravind et al., 2012a). Investigações recentes indicaram que o impacto da incorporação de inulina de maior peso molecular nas propriedades tecnológicas e sensoriais dos alimentos ricos em fibras pode ser mínimo, com a deterioração das propriedades a tornar-se significativa apenas a 20% de incorporação (Aravind et al., 2012b). Curiosamente, a inulina, com o seu menor DP, teve impactos mais negativos na firmeza da massa, na perda de cozedura e na aceitabilidade sensorial. Embora os dados sobre a digestibilidade *in vitro* do amido tenham mostrado uma grande variabilidade entre as amostras, a inulina de menor DP produziu uma redução significativa na hidrólise do amido ao nível de 10% (em comparação com o controlo), mas gerou massas de qualidade inferior com baixa firmeza, elevada perda de cozedura e resultados sensoriais inferiores. A digestão in *vitro* do amido foi reduzida na massa com maior DP de inulina até um nível de inclusão de 5%, mas aumentou quando mais inulina foi adicionada ao produto (claramente evidente a 20% de inulina). Este facto é de grande interesse na medida em que ilustra que níveis elevados de inclusão de inulina podem conduzir a massas com elevada digestibilidade do amido (massas de elevado IG), embora estes níveis tenham um impacto mínimo nas propriedades tecnológicas e sensoriais da massa (Aravind et al., 2012b). Além disso, outra investigação demonstrou que a inulina pode substituir a farinha de trigo até 10%, produzindo ainda massas aceitáveis pelos consumidores e com um valor calórico ligeiramente reduzido e um nível mais elevado de fibra (Manno et al., 2009). Do mesmo modo, Brennan et al. (2004) e Brennan e Tudorica (2008) mostraram que a substituição de 10% de inulina na sêmola não teve impacto na perda de cozedura da massa, mas diminuiu a firmeza e a absorção de água, reduzindo ligeiramente a digestão do amido por um método in *vitro* de a-amilase. Com níveis mais baixos de inulina, não se observou qualquer redução na digestão do amido em relação à massa de controlo. Brennan e Tudorica (2008) colocaram a hipótese de a inulina atuar quer competindo com o amido pela água disponível, quer formando uma matriz protetora em torno dos grânulos de amido, limitando o movimento da água, a gelatinização e a acessibilidade às enzimas de degradação do amido. Além disso, Manno et al. (2009) mostraram que a inulina provocou uma diminuição da cristalinidade, alterando a continuidade da matriz proteína-amido, com propriedades sensoriais e qualidade de cozedura aceitáveis, apesar das alterações na cor do produto (Lazaridou e Biliaderis, 2007). Padalino et al. (2012) centraram o seu trabalho na produção de esparguete funcional à base de farinha de milho e aveia nua. Os resultados mostraram que a adição de hidrocolóides melhora muito as propriedades químicas e funcionais da massa final. Os dados reológicos mostraram que a adição de agentes estruturantes à massa à base de farinha de milho e de aveia influenciou as propriedades viscoelásticas. Relativamente às propriedades sensoriais, a melhor qualidade global foi obtida com a adição de 2% de carboximetilcelulose (CMC) ou quitosano (CHIT), respetivamente. Os autores referem que a incorporação de hidrocolóides melhorou a qualidade de cozedura do esparguete. Em particular, as amostras com CMC e CHIT exerceram as melhores caraterísticas de qualidade (textura melhorada e perda de cozedura). Em conclusão, as massas à base de farinhas de milho e de aveia com hidrocolóides que aumentam o teor de fibras insolúveis em água (por exemplo, quitosano) podem ser utilizadas para reduzir o índice glicémico; os esparguetes com hidrocolóides que aumentam o teor de fibras solúveis em água (por exemplo, carboximetilcelulose e ágar) podem ser utilizados para reduzir o colesterol no sangue.

Pão

O aumento da procura de pão saudável por parte dos consumidores levou a esforços consideráveis para desenvolver pães que combinem benefícios para a saúde com boas propriedades sensoriais. Em aplicações de fabrico de pão, uma seleção cuidadosa de FD com propriedades físico-químicas adequadas que impeçam a rutura permanente da matriz proteica é um pré-requisito para obter pães sensorialmente aceites em sistemas de farinha altamente substituídos. A estrutura, as propriedades fisiológicas e as propriedades funcionais tecnológicas das fibras alimentares numa matriz alimentar estão estritamente ligadas entre si. Angioloni e Collar (2011) demonstraram que algumas propriedades funcionais tecnológicas (firmeza sensorial e aceitabilidade global) e a maioria das propriedades nutricionais do pão (digestibilidade proteica, amido rapidamente digerível, amido lentamente digerível, IG esperado in vitro, amido digerível total e RS) dependem das caraterísticas moleculares das fibras alimentares (diâmetro médio das partículas), módulo de armazenamento (G'), módulo de perda (G"), viscosidade complexa (η^*) e capacidade de retenção de solvente de ácido lático. As fibras alimentares com maior tamanho de partícula resultaram em pães altamente aceitáveis do ponto de vista sensorial com maiores quantidades de RS e digestibilidade proteica ligeiramente inferior. As fibras com elevada viscoelasticidade (G' e G") e viscosidade complexa (η *) em soluções concentradas deram origem a pães com melhor perceção sensorial, menor teor de amido digerível e maior teor de amido resistente, o que levou a um IG esperado in vitro mais baixo. A substituição de partes da farinha de trigo por fibras de leguminosas no fabrico de pão tem utilizado normalmente cascas de leguminosas moídas (Dubois 1978; Shogren et al 1981; Sosulski e Wu 1988; Sievert et al 1990;). Os resultados indicam que o pão fortificado com cascas de ervilha diminui o volume do pão, aumenta a absorção de água e diminui a qualidade geral do pão sequencialmente com o aumento do nível de substituição (Sosulski e Wu 1988). Mais investigação em conjunto com a produção de fibras de cotilédones de leguminosas deverá fornecer mais informações sobre a funcionalidade das fibras de leguminosas no fabrico de pão. A maior capacidade de retenção de água e as melhores propriedades sensoriais das fibras dos cotilédones, em comparação com as cascas, deverão permitir obter produtos de panificação mais aceitáveis. As fibras podem modificar o volume do pão, a sua elasticidade, a suavidade do miolo do pão e a firmeza do pão (Sangnark & Noomhorm, 2004; Wang, Rosell & Barber, 2002). Regra geral, a incorporação de fibras no pão reduz o volume do pão e aumenta a firmeza (Quadro 1), mas o grau de modificação depende da fonte de fibra. Várias opções podem melhorar a qualidade do pão com fibras adicionais, incluindo o tratamento enzimático das fibras (Laurikainen et al., 1998), a utilização de diferentes fracções de moagem e o tratamento com peróxido de hidrogénio alcalino do material lignocelulósico (Gould, Jasberg & Cote, 1989; Jasberg, Gould, Warner & Navickis, 1989; Sangnark & Noomhorm, 2003). O pão preparado com fibras de menor dimensão provenientes da cana-de-açúcar, era mais tenro e elástico do que com fibras mais grosseiras, e a maioria das caraterísticas organolépticas, as relacionadas com a cor, odor e sabor, aumentaram com a redução do tamanho das partículas (Sangnark & Noomhorm, 2004) Praznik, Cieslik e Florkiewicz (2002) relataram que a qualidade sensorial do pão enriquecido com pós de tubérculos intactos de alcachofra de Jerusalém ricos em inulina, é melhorada, em comparação com o pão padrão. Almeida et al. (2013) através deste estudo verificaram que diferentes respostas podem ser obtidas para os parâmetros de processo e caraterísticas de qualidade final do pão de forma dependendo do tipo e quantidade da fonte de fibra alimentar utilizada. A incorporação de β-glucanos em pão de forma pode desempenhar um papel potencial na redução dos níveis de colesterol pós-prandial é relatada por muitos autores. Para além dos benefícios para a saúde, os resultados também indicam que uma diminuição significativa do volume e da altura do pão está associada ao aumento das quantidades e dos pesos moleculares dos β-glucanos (Izydorczyk e Dexter, 2008; Skendi et al., 2010; Symons e Brennan, 2004). Quando o pão é feito com farinha fraca, a adição de 0-glucano pode aumentar a resistência da massa devido a um efeito de força na massa e aumentar a sua capacidade de retenção de gás, enquanto a extensibilidade da massa permanece semelhante ou diminui em comparação com o controlo. Um aumento da quantidade de 0-glucano pode aumentar o número de células de gás, mas pode desenvolver um miolo com uma estrutura mais grosseira, células menos arredondadas e uma cor mais escura (Brennan e Cleary, 2005). Observou-se que a dureza do miolo do pão pode ser aumentada através da fortificação com β-glucanos a um nível de adição mais elevado

(>1%). Rosell et al. (2001) propuseram que o aumento da firmeza do miolo pode ser uma consequência do espessamento das paredes que rodeiam a célula gasosa que ocorre após a adição de hidrocolóides às fórmulas de pão. Além disso, um aumento da firmeza do pão pode ser uma consequência de uma diminuição da área total da célula gasosa no pão que contém β-glucanos; de facto, a maior firmeza do miolo é normalmente observada em pães com o menor volume de pão. Além disso, a água promove a recristalização do amido, e o teor de água dos pães enriquecidos com β-glucanos é geralmente superior ao dos pães de controlo. No entanto, Skendi et al. (2010) referiram que a firmeza do miolo dos pães, medida após 24 h de armazenamento, diminuiu com o aumento do nível de P-glucano, atingindo um mínimo, e depois a tendência inverteu-se, mas os valores foram sempre inferiores aos do controlo (exceto para o pão feito com a farinha de boa panificação Yekora). Estes resultados sugerem que a incorporação de β-glucanos em farinha de trigo de baixa qualidade parece ser mais eficaz na redução da firmeza do pão do que quando é adicionada a farinha de boa panificação. Izydorczyk et al. (2008) referiram que a inclusão de farinha de trigo com 20% de fracções ricas em fibras de cevada em pão plano de duas camadas aumentou a quantidade de P-glucanos totais de 0,2 g para 3,0 g, de β-glucanos solúveis de 0,09 g para 356 1.43 g, e arabinoxilanos de 2,4 g para 4,2 g por porção, contribuindo assim significativamente para a ingestão diária recomendada de FD solúvel e insolúvel (20-35 g por dia para a população adulta saudável) (American Dietetic Association, 1993). A inulina contribui para o desenvolvimento de alimentos funcionais, bem como para a sua qualidade, e consequentemente para a melhoria da saúde dos consumidores. Peressini e Sensidoni (2009) verificaram que a substituição da farinha por até 5% de inulina de 10-23 DP produziu pão com qualidade sensorial aceitável. Os principais impactos da inulina/FOS registados foram menores volumes de pão, maior dureza do miolo e côdea mais escura (Morris e Morris, 2012). Embora a inulina pareça integrar-se bem na rede de glúten, também a dilui, resultando numa menor capacidade de retenção de gás. Uma cor mais escura e um aumento dos compostos aromáticos caraterísticos da reação de Maillard foram atribuídos a um maior número de extremidades redutoras. Estes, por sua vez, podem ser parcialmente devidos à degradação da inulina/FOS durante a cozedura, uma vez que há provas de que tanto a invertase da levedura como o calor seco degradam a inulina Karolini-Skaradzinska et al., 2007).

Tabela 1. Efeitos da adição de fibra alimentar e do tamanho das partículas no volume e na firmeza do pão.

Sources of fibre (g)	Volume	loaf (cm³)	Firmness	References
Defatted rice bran	No added fibres 5 % 10 %	1727.5 1332 1075	110 210 540	Abdul-Hamid & Luan (2000).
Sugarcane	No added fibres 5% Size ≥ 0.3 mm Size < 0.075 mm	896.41 735.28 866.72	245.63 743.7 315.93	Sangnark & Noomhorm (2003)
Rice straw (treated with alkaline hydrogen peroxide)	No added fibres 5% 0.3-0.5 <0.075	896.41 773.19 853.52	2.41* 9.14* 5.33*	Sangnark & Noomhorm (2004)
Rice bran hemicellulose B	No added fibres 3%	480.7 453.5	130 180	Guohua, Shaohua Huang, Shuwen & Zhengzhi (2009)
Rice bran insoluble dietary fibre	No added fibres 6%	480.7 296.0	130 480	Hu, Huang, Cao & Ma (2009).
Jerusalem artichoke powder (51- 71% in inulin) -	No added fibres 10%	481 555-575	-	Praznik et al. (2002)

Produtos extrudidos

Os snacks extrudidos, que consistem numa mistura de cereais extrudida com uma certa quantidade de água, tornaram-se parte dos hábitos alimentares da maioria da população. São desenvolvidos através da preparação de uma mistura de cereais que é aquecida acima da temperatura de gelatinização do amido, dando origem a um produto cozinhado numa extrusora, que pode ser diretamente envolvido e aromatizado, ou pode ser posteriormente processado, como fritar, assar, etc. (de Cindio et al., 2002; Peressini et al., 2002). O aumento do teor de fibra alimentar para obter cereais fortificados cozinhados por extrusão e diretamente expandidos é um desafio, uma vez que a inclusão de fibra alimentar em cereais extrudidos conduz frequentemente a efeitos prejudiciais na qualidade do produto devido à redução do volume de expansão, ao aumento da densidade e da dureza e à diminuição da crocância (Robin et al., 2012; Lue, Hsieh, & Huff, 1991). Apesar destas limitações, existe uma necessidade de produtos extrudidos enriquecidos com fibra alimentar. É sabido que os produtos extrudidos, tais como snacks salgados ou cereais de pequeno-almoço, contêm quantidades significativas de calorias e uma das vias estratégicas seguidas pela indústria alimentar para reduzir a densidade energética dos alimentos é aumentar o seu teor de fibra alimentar. Para além do seu baixo teor calórico e da regulação da digestão, a fibra alimentar tem efeitos positivos na saúde cardiovascular, na diabetes, na gestão do peso e no sistema imunitário (Anderson et al., 2009). No entanto, as fibras solúveis, como a inulina, proporcionam uma maior expansão e texturas mais favoráveis em comparação com as fibras insolúveis, como, por exemplo, a fibra de farelo de cereais (Blake, 2006). A extrusão também modifica as propriedades da fibra e, por conseguinte, pode afetar as propriedades de expansão e o teor de fibra alimentar remanescente após a extrusão. A fibra insolúvel é menos dispendiosa do que as fibras solúveis, mais facilmente disponível e ainda subvalorizada na nutrição humana (Blake, 2006). As modificações da fibra alimentar insolúvel antes da extrusão podem conduzir a uma melhoria significativa das suas propriedades de expansão, permitindo assim aumentar as aplicações na alimentação humana. A modificação da fibra alimentar durante a extrusão pode levar a alterações no seu teor total de fibra alimentar e na sua solubilidade. Ralet et al. investigaram o efeito da extrusão numa grande variedade de ingredientes que contêm fibra alimentar, tais como polpa de beterraba sacarina (Ralet, Thibault, & Della Valle, 1991), fibra de limão (Ralet, Axelos, & Thibault, 1994; Ralet & Thibault, 1994), farelo de trigo (Ralet, Thibault, & Della Valle, 1990) ou cascas de ervilha (Ralet, Della Valle, & Thibault, 1993a; Ralet, Saunier, & Thibault, 1993b). Eles relataram que a solubilidade em água da fibra alimentar pode ser significativamente aumentada quando se aumenta a energia mecânica específica (SME) durante a extrusão. As propriedades mecânicas dos produtos tufados são determinadas pelas propriedades da fase contínua (propriedades físico-químicas e espessura da parede celular) e pelas caraterísticas da fase dispersa (porosidade, tamanho, densidade e distribuição das células). A força necessária para romper a amostra expandida é mais frequentemente utilizada para caraterizar a sua dureza. A fibra insolúvel tende a reduzir a expansão seccional e a aumentar a densidade dos cereais extrudidos. Isto induz a rutura de estruturas mais duras. (Redgwell, Curti, Robin, Donato, e Pineau (2011)) Isto foi, por exemplo, demonstrado por Brennan et al. (2008) que relataram um aumento da força de rutura ao aumentar o teor de farelo de trigo até 15% em cereais de pequeno-almoço extrudidos. O aumento da força de rotura destas amostras com farelo pode ser explicado pelas estruturas mais finas obtidas quando se aumenta o teor de farelo. Enquanto Brennan et al. (2008) observaram um aumento da força de rotura ao aumentar o teor de farelo na farinha de com extrudido, apenas observaram uma ligeira alteração ao adicionar inulina ou goma de guar. Os volumes de expansão mais elevados e a densidade mais baixa das amostras de com extrudido obtidas com inulina ou goma de guar podem explicar estas diferenças. Peressini et al. (2013) demonstraram claramente que o efeito da adição de fibras a produtos extrudidos não depende apenas do tipo de FD utilizado e da taxa de inclusão global, mas também do peso molecular do polímero e da estrutura da FD e da sua capacidade de hidratação durante as fases de mistura e cisalhamento da extrusão. Os autores concluíram que a adição de fibra provoca uma redução na quantidade de componentes de amido facilmente digeríveis e um aumento na quantidade de amido de digestão lenta após a adição de fibra alimentar. Este facto tem potenciais benefícios em termos de atenuação da resposta à glicose após a ingestão e pode também levar a um aumento da sensação de saciedade (Brennan et al., 2008). Esta atenuação da resposta à glucose também foi demonstrada quando se incluem subprodutos ricos em fibras provenientes do processamento agrícola (Brennan et al., 2013).

Conclusão e aspectos futuros

A importância da fibra alimentar na dieta humana é amplamente aceite e, ao longo dos anos, tem sido realizada uma extensa investigação relacionada com o enriquecimento de produtos alimentares com fibra. Os produtos de panificação são alimentos básicos que são consumidos pela maioria da população, e podem representar um veículo conveniente para a transmissão de fibras alimentares na dieta das pessoas. O enriquecimento de produtos de panificação com fibras alimentares tem recebido um interesse renovado devido à procura e estudo de outras fontes para além dos cereais. Os subprodutos ricos em fibras podem ser incorporados em produtos alimentares como agentes de volume não calóricos e baratos para substituição parcial de farinha, gordura ou açúcar, como melhoradores da retenção de água e óleo e para melhorar a emulsão ou a estabilidade oxidativa. No entanto, a percentagem de fibra que pode ser adicionada é limitada, porque pode causar alterações indesejáveis na cor e na textura dos alimentos. Uma vez que os produtos à base de cereais são consumidos diariamente pela maioria da população, a indústria alimentar tem concentrado a sua atenção na criação de produtos que contenham ingredientes funcionais, como a fibra alimentar. É sabido que a FD tem várias funções fisiológicas.

Devido à natureza das fibras, com diferentes graus de solubilidade e caraterísticas visco-elásticas, a indústria alimentar pode tirar partido das suas propriedades físico-químicas, como a ligação à água, a gelificação e a construção de estruturas, para criar novas estruturas alimentares. No entanto, o principal desafio da adição de fibras em produtos que contêm cereais são os efeitos adversos na qualidade do produto final (por exemplo, textura e cor) e, por conseguinte, a baixa aceitabilidade por parte dos consumidores. Mais frequentemente, as fibras alimentares são incorporadas em produtos de panificação para prolongar a frescura, graças à sua capacidade de reter água, reduzindo assim as perdas económicas. É evidente, a partir da revisão da literatura recente, que os ingredientes ricos em fibras alimentares afectam significativamente as propriedades da massa e da cozedura. O interesse em alimentos com elevado teor de fibras levou ao desenvolvimento de um grande mercado de ingredientes e produtos ricos em fibras consumidos ao pequeno-almoço.

Referência

Abdul-Hamid, A., & Luan, Y. S. (2000). Propriedades funcionais da fibra alimentar preparada a partir de farelo de arroz desengordurado. *Food Chemistry, 68:* 15-19.

Alabaster, O., Tang, Z., & Shivapurkar, N. (1997). Inibição por cereais de farelo de trigo do desenvolvimento de focos de criptas aberrantes e tumores do cólon. *Food and Chemical Toxicology, 35:* 517-522.

Almeida, E.L., Chang, Y.K., Steel C.J., 2013. Fontes de fibra alimentar no pão: Influência na qualidade tecnológica. Lebensmittel-Wissenschaft und Technologic **50:** 545-553.

Almeida, E.L., Chang, Y.K., Steel C.J., 2013. Fontes de fibra alimentar no pão: Influência na qualidade tecnológica. Lebensmittel-Wissenschaft und Technologic **50:** 545-553.

Andersson, A. A. M., Lampi, A. M., Nystrom, L., Piironen, V., Li, L., Ward, J. L., et al. (2008). Componentes fitoquímicos e de fibra alimentar em variedades de cevada no rastreio de diversidade HEALTH GRAIN. Jornal de Química Agrícola e Alimentar, **56:** 9767-9776

Angioloni, A., Collar, C., 2011. Propriedades físico-químicas e nutricionais de pães de alta fibra com densidade calórica reduzida. Lebensmittel-Wissenschaft und Technologic **44:** 747-758.

Aravind, N., Sissons, M., Egan, N., Fellows, C., 2012a. Efeito da adição de fibra alimentar insolúvel nas propriedades tecnológicas, sensoriais e estruturais do esparguete de trigo duro. Food Chemistry **130:** 299-309.

Aravind, N., Sissons, M., Egan, N., Fellows, C., 2012a. Efeito da adição de fibra alimentar insolúvel nas propriedades tecnológicas, sensoriais e estruturais do esparguete de trigo duro. Food Chemistry **130:** 299-309.

Aravind, N., Sissons, M.J., Fellows, C.M., Blazek, J., Gilbert, E.P., 2012b. Effect of inulinsoluble dietary fibre addition on technological, sensory, and structural properties of durum wheat spaghetti (Efeito da adição de fibra alimentar inulinsolúvel nas propriedades tecnológicas, sensoriais e estruturais do esparguete de trigo duro). Food Chemistry **132:** 993-1002.

Aravind, N., Sissons, M.J., Fellows, C.M., Blazek, J., Gilbert, E.P., 2012b. Effect of inulin soluble dietary fibre addition on technological, sensory, and structural properties of durum wheat spaghetti (Efeito da adição de fibra alimentar solúvel em inulina nas propriedades tecnológicas, sensoriais e estruturais do esparguete de trigo duro). Food Chemistry **132:** 993-1002.

Betoret, E., Betoret, N., Vidal, D., Fito, P. 2011. Desenvolvimento de alimentos funcionais: tendências e tecnologias. Tendências em Ciência e Tecnologia Alimentar **22:** 498-508.

Blake, O. (2006). Efeito das caraterísticas moleculares e supramoleculares de fibras alimentares selecionadas na expansão por extrusão. Dissertação de doutoramento. West Lafayette, Indiana: Universidade de Purdue

Borderias, A. J., Sanchez-Alonso, I., & Perez-Mateos, M. (2005). Nova aplicação da fibra nos alimentos: Adição aos produtos da pesca. *Tendências em Ciência e Tecnologia Alimentar, 16:* 458-465.

Borneo, R., Aguirre, A., 2008. Composição química, qualidade de cozedura e aceitação pelo consumidor de massas feitas com farinha de folhas secas de amaranto. LWT - Food Science andTechnology **41:** 1748-1751.

Borneo, R., Aguirre, A., 2008. Composição química, qualidade de cozedura e aceitação pelo consumidor de massas feitas com farinha de folhas secas de amaranto. LWT - Food Science andTechnology **41:** 1748-1751.

Brennan, C.S., Cleary, L.J., 2005. Revisão - A utilização potencial de (l/3,l/4)-P-D-glucanos de cereais como ingredientes alimentares funcionais. Journal of Cereal Science **42:** 1-13.

Brennan, C.S., Tudorica, C.M., 2008. Avaliação dos mecanismos potenciais através dos quais as adições de fibra alimentar reduzem o índice glicémico previsto das massas frescas. Jornal Internacional de Ciência e Tecnologia Alimentar **43:** 2151-2162

Brennan, M., Monro, J.A., Brennan, C.S., 2008. Efeito da inclusão de fibras solúveis e insolúveis em produtos de cereais de pequeno-almoço extrudidos feitos com configuração de rosca inversa. Jornal Internacional de Ciência e Tecnologia Alimentar **43:** 2278-2288.

Brouns, F., Vermeer, C., 2000. Ingredientes funcionais para reduzir os riscos de osteoporose. Tendências em Ciência e Tecnologia Alimentar **11:** 22-33.

Chillo, S., Laverse, J., Falcone, P.M., Protopapa, A., Del Nobile, M.A., 2008. Influência da adição de farinha de trigo sarraceno e farelo de trigo duro na qualidade do esparguete. Journal of Cereal Science **47:** 144-152.

Chillo, S., Ranawana, D.V., Henry, C.J.K., 2011a. Effect of two barley 0-glucan concentrates on *in vitro* glycaemic impact and cooking quality of spaghetti (Efeito de dois concentrados de 0-glucano de cevada no impacto glicémico *in vitro* e na qualidade de cozedura do esparguete). Lebensmittel-Wissenschafit und Technologic *44:* 940-948.

Chillo, S., Ranawana, D.V., Pratt M., Henry, C.J.K., 2011b. Glycemic response and glycemic index of semolina spaghetti enriched with barley 0-glucan. Nutrition **27:** 653-658

Codex Alimentarius (2009b). Comité do Codex para a nutrição e os alimentos destinados a usos dietéticos especiais. Trigésima primeira sessão, Dusseldorf, Alemanha, 2-6 de novembro de 2009 Diretiva (2008) 90/496/CEE da Comissão relativa à rotulagem nutricional dos géneros alimentícios no que respeita às doses diárias recomendadas, aos factores de conversão de energia e às definições. Lista de métodos para a fibra alimentar na etapa 7, documento de agenda, CX/NFSDU 09/3/3-Rev, julho de 2009

De Cindio, B., Gabriele, D., Pollini, C.M., Peressini, D., Sensidoni, A., 2002. Produção de snac recheados por co-extrusão-cozedura: 2. Efeito do processamento nas misturas de cereais. Jornal de Engenharia Alimentar **54:** 63-73.

Drizikova, B., Dongowski, G., Gebhardt, E., & Habel, A. (2005). A composição dos extrudados de fibra dietética de aveia afecta a ligação dos ácidos biliares e a fermentação in vitro. *Food Chemistry, 90:* 181-192.

Dubois, D. K. 1978. A aplicação prática de materiais fibrosos na produção de pão. Baker's Dig. 30:30-33.

Comissão Europeia, 2006. Regulamento (CE) n.º 1924/2006 do Parlamento Europeu e do Conselho, de 20 de dezembro de 2006, relativo às alegações nutricionais e de saúde sobre os alimentos. Jornal Oficial da União Europeia, L **404:** 9-25.

Comité de Alimentação e Nutrição, Instituto de Medicina, 2001. Dietary reference intakes. Proposta de definição de fibra alimentar. Um relatório do painel sobre a definição de fibra alimentar e do comité permanente sobre a avaliação científica das ingestões alimentares de referência. Washington, DC: National Academy Press.

Gould, J. M., Jasberg, B. K., & Cote, G. L. (1989). Relações estrutura-função da lignocelulose tratada com peróxido alcalino da palha de trigo. *Cereal Chemistry, 66:* 213-217.

Grajek, W., Olejnik, A., SipKale, A., 2005. Probióticos, prebióticos e antioxidantes como alimentos funcionais. Ata Biochimica Polonica, **52:** 665-671.

Greenwald, P., Clifford, C.K., Milner J.A., 2001. Diet and cancer prevention (Dieta e prevenção do cancro). Jornal Europeu do Cancro 37: 948-965

Grigehno-Miguel, N., & Martina-Belloso, O. (1999a). Characterization of dietary fibre from orange juice extraction. *Food Research International, 131:* 355-361.

Izydorczyk, M.S., Dexter, J.E., 2008. Cevada 0-ghicans e arabinoxilanos: Estrutura molecular, propriedades físico-químicas e utilizações em produtos alimentares - uma revisão. Food Research International **41:** 850-868.

Jasberg, B. K., Gould, J. M., & Warner, K. (1989). Substituto de farinha com alto teor de fibras e não calórico para alimentos cozidos. Efeito da lignolcelulose tratada com peróxido alcalino nas propriedades da massa. *Cereal Chemistry, 66:* 209-213.

Kale, M., Pai, D., Hamaker, B., Campanella, O. 2011. Incorporação de fibras nos alimentos: um desafio para a engenharia alimentar. In: Aguilera, J.M., Barbosa-Canovas, G.V., Simpson, R., Welti-Chanes, J., Bermudez-Aguirre, D. (Eds.), Food engineering interfaces. Springer, Nova Iorque, pp. 69-98.

Karolini-Skaradzinska, Z., Bihuniak, P., Piotrowska, E., Wdowik, L., 2007. Propriedades da massa e caraterísticas qualitativas do pão de trigo com adição de inulina. Jornal Polaco de Ciências da Alimentação e Nutrição **57:** 267-270.

Laurikainen, T., Harkonen, H., Autio, K., & Poutanen, K. (1998). Efeitos das enzimas na cozedura enriquecida com fibras. *Journal of the Science of Food and Agriculture, 76* 239-249.

Lazaridou, A., Biliaderis, C.G., 2007.Molecular aspects of cereal 0-glucan 930 functionality: physical properties, technological applications and physiological effects. Journal of Cereal Science **46:** 101-118.

Lue, S., Hsieh, F., Peng, I. C., & Huff, H. E. (1990). Expansão de extrudados contendo fibra alimentar: um estudo da microestrutura. Lebensmittel Wissenschaft und Technology, **23:** 165-170.

Manno, D., Filippo, E., Serra, A., Negro, C., De Bellis, L., Miceli, A., 2009. A influência da adição de inulina nas propriedades morfológicas e estruturais da massa de trigo duro. International Journal of Food Science and Technology **44:** 2218-2224.

Morris, C., Morris, G.A., 2012. O efeito da suplementação de inulina e fruto-oligossacarídeo: Uma revisão. Food Chemistry **133:** 237-248.

Normand, F. L., Ory, R. L., & Mod, R. R. (1987). Ligação de ácidos biliares e minerais vestigiais por hemiceluloses solúveis de arroz. *Food Technology, 41*: 86-99.

Padalino, L., Mastromatteo, M., De Vita, P., Ficco, D.B.M., Del Nobile, M.965 A., 2012. Efeitos dos hidrocolóides nas propriedades químicas e na qualidade de cozedura do esparguete sem glúten. International Journal of Food Science and Technology doi:10.1111/ijfs. 12049.

Peressini, D., Foschia, M., Tubaro, F., Sensidoni, A., 2013. Impacto da fibra alimentar solúvel nas caraterísticas dos snacks extrudidos. Food Hydrocolloids.

Peressini, D., Sensidoni, A., Pollini, C.M., Gabriele, D., Migliori, M., de Cindio, B., 2002. Produção de snacks recheados por co-extrusão-cozedura. Parte 3. Um método baseado na reologia para comparar as propriedades de processamento do enchimento. Jornal de Engenharia Alimentar **54:** 227-240.

Praznik, W., Cieslik, E., & Florkiewicz, A. F. (2002). Fibras alimentares solúveis em pós de alcachofra de Jerusalém: Composição e aplicação no pão. *Nahrung/Food, 46:* 151-157.

Ralet, M.-C., & Thibault, J.-F. (1994). Extração e caraterização de pectinas altamente metiladas de paredes celulares de limão. Carbohydrate Research, **260:** 283e296.

Ralet, M.-C., Della Valle, G., & Thibault, J.-F. (1993a). Fibra crua e extudida de cascas de ervilha. Parte I: composição e propriedades físico-químicas. Carbohydrate Polymers, **20:** 17-23.

Ralet, M.-C., Saunier, L., & Thibault, J.-F. (1993b). Fibra crua e extudida de cascas de ervilha. Parte II: estudo estrutural dos polissacáridos solúveis em água. Carbohydrate Polymers, **20:** 2534.

Ralet, M.-C., Thibault, J.-F., & Della Valle, G. (1990). Influência da cozedura por extrusão nas propriedades físico-químicas do farelo de trigo. Journal of Cereal Science, **11:** 249e259.

Ralet, M.-C., Thibault, J.-F., & Della Valle, G. (1991). Solubilização dos polissacáridos da parede celular da polpa de beterraba sacarina por cozedura por extrusão. Lebensmittel Wissenschaft Und Technologic, **24:** 107-112.

Redgwell, R. J., Curti, D., Robin, F., Donato, L., & Pineau, N. (2011). Mudanças induzidas pela extrusão no perfil químico e nas propriedades geradoras de viscosidade da fibra cítrica. Jornal de Química Agrícola e Alimentar, **59:** 8272-8279

Robin, F., Schuchmann, H. P., Palzer, S., 2012. Fibra dietética em cereais extrudidos: limitações e oportunidades. Tendências em Ciência e Tecnologia Alimentar **28:** 23-32.

Rodriguez, R., Jimenez, A., Fernandez-Bolanos, J., Guillen, R., Heredia, A., 2006. Fibra alimentar de produtos vegetais como fonte de ingredientes funcionais. Tendências em Ciência e Tecnologia Alimentar **17:** 3-15.

Romo, C., Mize, K., Warfel, K., 2008. Adição de hi-maize, fibra dietética natural, à mistura comercial para bolos. Journal of the American Dietetic Association 108:76-77.

Sangnark, A., & Noomhorm, A. (2003). Efeito do tamanho das partículas nas propriedades funcionais da fibra alimentar preparada a partir do bagaço de cana-de-açúcar. *Food Chemistry, 80:* 221-229.

Sangnark, A., & Noomhorm, A. (2003). Efeito do tamanho das partículas nas propriedades funcionais da fibra alimentar preparada a partir do bagaço de cana-de-açúcar. *Food Chemistry, 80:* 221-229.

Sangnark, A., & Noomhorm, A. (2004). Propriedades químicas, físicas e de cozedura da fibra alimentar preparada a partir de palha de arroz. *Food Research International, 37:* 66-74.

Shogren, M. D., Pomeranz, Y., e Finney, K. F. 1981. Counteracting the deleterious effects of fiber in breadmaking. Cereal Chern. 58:142-146.

Sievert, D., Pomeranz, Y., e Abdelrahman, A. 1990. Propriedades funcionais dos polissacáridos de soja e do farelo de trigo em produtos de trigo mole. Cereal Chern. **67:10-13.**

Skendi, A., Biliaderis, C.G., Papageorgiou, M., Izydorczyk, M.S., (2010). Efeitos de dois isolados de P-glucano de cevada nas propriedades da massa de farinha de trigo e do pão. Food Chemistry 119,1019 1159-1167.

Skendi, A., Biliaderis, C.G., Papageorgiou, M., Izydorczyk, M.S., (2010). Efeitos de dois isolados de P-glucano de cevada nas propriedades da massa de farinha de trigo e do pão. Food Chemistry 119,1019 1159-1167

Sosulski, F. W., e Wu, K. K. 1988. Pães com alto teor de fibras contendo cascas de ervilha, trigo, com, e farelos de aveia selvagem. Cereal Chern. **65:186-191.**

Sturtzel, B., Dietrich, A., Wagner, K H, Gisinger, C., & Elmadfa, I. (2010). O estado das vitaminas B6, Bl2, folato e da homocisteína em residentes de lares geriátricos que recebem laxantes ou fibra alimentar. *Jornal de Nutrição, Saúde e Envelhecimento, 14:* 219-223.

Symons, L.J., Brennan, C.S., 2004. The Effect of barley-glucan fiber fractions on starch gelatinization and pasting characteristics (O efeito das fracções de fibra de glucano de cevada na gelatinização do amido e nas caraterísticas da pasta). Journal of Food Science **69:** 257-261.

Torres, A., Frias, J., Granito, M., Vidal-Valverde, C., 2007. Sementes germinadas de Cajanus cajan como ingredientes em produtos de massa: Avaliação química, biológica e sensorial. Química Alimentar **101:** 202-211.

Tosh, S., & Yada, S. (2010). Fibras alimentares em sementes e fracções de leguminosas: Characterisation, functional attributes, and application. *Food Research International, 43:* 450-460.

Tudorica, C.M, Kuri, V., Brennan, C.S., 2002. Caraterísticas nutricionais e físico-químicas de massas enriquecidas com fibra alimentar. Journal of Agricultural and Food Chemistry **50:**

347-356.

Vetter, J. L. (1984). A fibra como ingrediente alimentar. *Food Technology, 41-*. 64-69.

Wang, J., Rosell, C.M., de Barber, C.B., 2002. Efeito da adição de diferentes fibras no desempenho da massa de trigo e na qualidade do pão. Food Chemistry **79:** 221-226.

Wang, J., Rosell, M. C., & Barber, C. B. (2002). Efeito da adição de diferentes fibras no desempenho da massa de trigo e na qualidade do pão. *Food Chemistry, 79*: 221-226.

CAPÍTULO 5

PRODUTOS À BASE DE CARNE ENRIQUECIDOS COM FIBRA ALIMENTAR

S A Sofi e J D Bandral

Divisão de Ciência e Tecnologia Alimentar, SKUAST-Jammu, Índia

Os alimentos têm sido utilizados para melhorar a saúde das pessoas, a consciencialização e os vários aspectos da saúde são utilizados para inovar e modificar os alimentos (Fergus 2004). A carne é uma fonte potencial de nutrientes, como proteínas e vitaminas e minerais solúveis em gordura, com maior grau de biodisponibilidade em comparação com outras fontes (Chan 2004; Biesalski 2005), muitos compostos são gerados durante o processamento de carne e produtos à base de carne que são benéficos para a saúde humana (Saiga *et al,* 2003; Vercruysse *et al.,* 2005) e a aceitação de uma relação entre nutrição e saúde deu origem a um conceito inovador de alimentos funcionais, incluindo produtos à base de carne (Bhat e Bhat 2011), que contém ingredientes benéficos para a saúde (Roberfroid 2002). A investigação epidemiológica mostrou a relação entre uma dieta deficiente em fibras alimentares e doenças crónicas, incluindo o cancro do cólon, a obesidade e as doenças cardiovasculares (OMS/FAO 2003). A relação entre os alimentos de elevada densidade energética e várias doenças incide principalmente nos componentes considerados como marcadores de alimentos saudáveis (Best 1991). A Associação Dietética Americana recomendou a ingestão de fibras entre 25 e 30 g/dia e um rácio de fibras insolúveis/solúveis de 3:1 para adultos. A carne é um alimento nutritivo, barato e facilmente disponível, para além de a água, a gordura e a proteína serem componentes importantes da carne. A carne e os produtos à base de carne contêm grandes quantidades de gordura e proteína, mas são deficientes em fibras alimentares (Sanchez-Zapata et al., 2010) e a sua fortificação em produtos à base de carne tem sido focada do ponto de vista da saúde. As fibras são um ingrediente importante nos produtos à base de carne do ponto de vista da saúde. Foram estudadas as fibras isoladas ou combinadas com outros produtos, como a carne com baixo teor de gordura, tais como produtos moídos e reestruturados (Desmond *et al.,* 1998) e emulsões de carne (Claus e Hunt 1991). O termo carne refere-se ao músculo de animais terrestres de quatro patas com sangue quente, sendo os principais os bovinos e os ovinos. A carne também inclui as glândulas e os órgãos destes animais. Os produtos cárneos incluem também muitos dos subprodutos do abate de animais, como as tripas dos animais utilizadas para invólucros de salsichas, a gordura da carne utilizada no fabrico de banha, gelatina e outros. O consumo anual de carne de qualquer país depende do seu estatuto económico, sendo que os países ricos consomem mais do que os outros. O consumo médio per capita de carne é de 67 kg por ano nos EUA, o que é superior ao de muitos países. O consumo per capita de carne na Índia é da ordem de 1,2 kg por ano. A carne e os produtos à base de carne são geralmente reconhecidos como boas fontes de proteínas de elevado valor biológico, vitaminas lipossolúveis, minerais, oligoelementos e compostos bioactivos. A carne é frequentemente associada a uma imagem negativa da saúde devido ao seu "elevado" teor de gordura e, no caso da carne vermelha, é vista como um alimento que promove o cancro. Por conseguinte, recomenda-se um baixo consumo de carne, especialmente de carne vermelha, para evitar o risco de cancro, obesidade e síndrome metabólica (Biesalski, 2005). No entanto, esta discussão não tem em conta o facto de a carne ser uma fonte importante de alguns micronutrientes, como oligoelementos e vitaminas, que não estão presentes nos alimentos derivados de plantas ou têm uma biodisponibilidade reduzida. Além disso, a carne, enquanto produto rico em proteínas e pobre em hidratos de carbono, contribui para um baixo índice glicémico, que se supõe ser benéfico no que diz respeito à obesidade, ao desenvolvimento da diabetes e ao cancro (Biesalski, 2005).

1.1. Proteína

Um músculo típico é constituído por cerca de 75 % de água, 20 % de proteínas, 3 % de gorduras e 2 % de substâncias solúveis não proteicas. As proteínas são o principal componente da matéria seca da carne magra (Briggs & Schweigert, 1990). Nove dos aminoácidos presentes nas proteínas são essenciais (ou semi-essenciais), uma vez que o corpo humano não os consegue sintetizar a partir de outros compostos, pelo que tem de os adquirir a partir dos alimentos. Por conseguinte, a necessidade de proteínas alimentares é constituída por duas componentes: (a) a necessidade de aminoácidos nutricionalmente essenciais e (b) a necessidade de satisfazer a necessidade de azoto não específico, a fim de fornecer o azoto necessário para a síntese dos aminoácidos nutricionalmente não essenciais e de outros compostos contendo azoto fisiologicamente importantes (ácidos nucleicos, creatina, porfirinas) (Pellett & Young, 1990). A carne contém geralmente níveis elevados dos principais aminoácidos essenciais, a lisina, os aminoácidos sulfurados totais, a treonina e o triptofano (Pellett & Young, 1990). A qualidade das proteínas é geralmente definida de acordo com o padrão de aminoácidos da proteína do ovo, que é considerado ótimo. Não é surpreendente que as proteínas animais, como a carne, o leite e o queijo, tendam a ter uma qualidade proteica mais elevada do que as proteínas vegetais. As proteínas animais têm uma melhor digestibilidade em comparação com as proteínas vegetais. Isto pode ser explicado, em certa medida, pelo facto de as proteínas vegetais estarem maioritariamente incorporadas em matrizes de polissacarídeos (paredes celulares), onde não podem ser alcançadas pelas enzimas proteolíticas. Uma nutrição saudável requer uma mistura equilibrada de diferentes proteínas alimentares. Ao combinar alimentos vegetais e animais, a qualidade nutricional da proteína pode ser aumentada devido ao efeito complementar.

1.2. Gordura

A gordura é a fonte alimentar mais rica em energia e fornece nutrientes essenciais, como os ácidos gordos essenciais, bem como precursores de compostos que regulam uma série de funções fisiológicas (por exemplo, prostaglandinas) e ajuda a absorver as vitaminas lipossolúveis (A, D, E e K). Além disso, as gorduras têm uma importância decisiva como reserva de energia mais compacta do corpo, como fixação e proteção dos órgãos e como fonte de ácidos gordos, que também actuam como elemento estrutural das membranas celulares. A gordura também proporciona palatabilidade e sabor aos alimentos. Nas proporções corretas é, portanto, um componente essencial de qualquer dieta equilibrada e, por isso, o grau de redução de gordura não deve apenas ter em conta factores sensoriais ou tecnológicos, mas deve também ser tal que evite a perda de benefícios nutricionais (Colmenero, 2000). A carne é encarada de forma muito crítica devido ao seu teor de gordura, sendo geralmente incluída na categoria dos alimentos gordos. A gordura nos animais encontra-se principalmente no seu tecido adiposo e distingue-se entre gordura de depósito (maioritariamente tecido adiposo subcutâneo), gordura intermuscular e intramuscular. Esta última é designada por marmoreado. A quantidade de gordura intermuscular e de depósito presente numa peça de carne varia, dependendo da excreção de gordura do animal e da forma como a peça foi aparada (Seuss *et al.,* 1988). Contrariamente à crença generalizada de que a gordura animal é composta principalmente por ácidos gordos saturados (SFA), cerca de metade dos ácidos gordos da carne são insaturados. Os lípidos da carne contêm normalmente menos de 50 % de AGS e até 70 % (carne de vaca 50-52 %, carne de porco 55-57 %, borrego 50-52 % e frango 70 %) de ácidos gordos insaturados (Romans et *al.,* 1994).

1.3. Minerais e oligoelementos

Para além dos macronutrientes proteína e gordura, a carne contém micronutrientes (minerais e vitaminas) que estão envolvidos em processos metabólicos essenciais. A carne, o peixe, as aves de capoeira e as vísceras são os únicos alimentos que contêm o ferro heme mais disponível, para além do ferro inorgânico (ferro não-heme) (Latunde-Dada & Neale, 1986). A carne, o peixe, as aves e as vísceras são os únicos alimentos que contêm o ferro heme mais disponível para além do ferro inorgânico (ferro não heme) (Latunde-Dada & Neale, 1986). A carne não é apenas uma fonte importante de ferro disponível, mas também de zinco. É sabido que a absorção do zinco dietético das refeições à base de proteínas animais é superior à das refeições à base de cereais integrais (King & Tumland, 1989). O oligoelemento selénio (Se) é um nutriente crucial para a saúde humana. É um componente de uma série de selenoproteínas importantes, incluindo enzimas necessárias para funções como a defesa antioxidante, a redução da inflamação, a produção de hormonas da tiroide, a síntese de ADN, a fertilidade e a reprodução (Raymann, 2000).

1.4. Vitaminas

As vitaminas são um grupo complexo de compostos orgânicos que estão geralmente presentes em pequenas quantidades nos géneros alimentícios. As vitaminas são importantes como cofactores em processos enzimáticos e também possuem atividade hormonal. Tradicionalmente, as vitaminas têm sido classificadas com base na sua solubilidade em solventes lipídicos ou aquosos, sendo por isso divididas em categorias de vitaminas lipossolúveis e hidrossolúveis (McDowell, 2000; Cheeke, 2005). As vitaminas lipossolúveis tendem a ser armazenadas principalmente no fígado e nos tecidos adiposos dos animais, em associação com a gordura armazenada, e não são facilmente excretadas. As vitaminas hidrossolúveis, por outro lado, tendem a ser armazenadas em muito menor grau no organismo. As vitaminas contidas na alimentação animal e humana são predominantemente derivadas da síntese vegetal ou microbiana. As células animais mantêm a capacidade de síntese de novo de algumas vitaminas, como a vitamina D e, dependendo da espécie envolvida, a niacina e o ascorbato, bem como a capacidade de converter os precursores (provitaminas) na sua forma ativa. Além disso, os microrganismos comensais, tanto no trato digestivo dos ruminantes como no dos não ruminantes, podem servir de fonte de vitaminas, como a vitamina K e as vitaminas hidrossolúveis do complexo B (Sahlin & House, 2006). Há muito que a carne é reconhecida como uma boa fonte de vitaminas B para a nutrição humana. A carne, especialmente a carne de porco, há muito que é reconhecida como uma boa fonte de tiamina (Briggs & Schweigert, 1990).

2. Adição de fibra alimentar à carne e aos produtos à base de carne

A carne e os produtos à base de carne são geralmente reconhecidos como boas fontes de proteínas de elevado valor biológico, vitaminas lipossolúveis, minerais, oligoelementos e compostos bioactivos. Nos últimos anos, as alterações dos factores socioeconómicos aumentaram a preferência dos consumidores por alimentos prontos a consumir, incluindo produtos à base de carne. A transformação da carne e dos produtos à base de carne leva à produção de muitos compostos funcionais benéficos para a saúde humana, mas a maioria desses alimentos é rica em gordura, adicionada de sais, mas deficiente em hidratos de carbono complexos, como a fibra alimentar, e representa um perigo para a saúde que, de alguma forma, se provou ser um fator predisponente para as doenças cardiovasculares, o cancro do cólon, a obesidade, incluindo a diabetes mellitus. Os alimentos transformados e a comida rápida tornaram-se a base da alimentação típica da sociedade moderna. Nos países em desenvolvimento, como a Índia, a rápida urbanização, a industrialização, a globalização, bem como o aumento do número de mulheres na força de trabalho, resultaram numa rápida inclinação para os alimentos rápidos. Muitos destes alimentos transformados, incluindo produtos à base de carne, carecem de quantidades mínimas de fibras alimentares. A investigação epidemiológica demonstrou uma relação entre uma dieta que contém um excesso de alimentos energéticos ricos em gordura e açúcar e o aparecimento de uma série de doenças crónicas, incluindo cancro do cólon, obesidade, doenças cardiovasculares e várias outras perturbações (Best, 1991). Vários relatórios revelaram que a ingestão de fibras reduz o risco de tais doenças (Johnson e Southgate, 1994). Resultados de investigações recentes revelam também que uma dieta rica em fibras promove geralmente um estilo de vida mais saudável (Kritchevsky, 2000) e a ingestão de fibras pode ser vista como um marcador de uma dieta saudável. De acordo com a Associação Dietética

Americana, a ingestão de fibras atualmente recomendada para adultos varia entre 25 e 30 g/dia e o rácio fibras insolúveis/solúveis deve ser de 3:1. A fibra alimentar é um ingrediente-chave amplamente utilizado atualmente no desenvolvimento de alimentos nutricionalmente concebidos devido à sua importância na promoção da saúde (Puupponen-Pimia *et al.*, 2002) e ao seu impacto tecnológico. A carne é um alimento altamente nutritivo e versátil. Os seus principais componentes, para além da água, são as proteínas e as gorduras, com uma contribuição substancial de vitaminas e minerais com um elevado grau de biodisponibilidade. No entanto, a carne e os produtos à base de carne podem ser adaptados para uma forma mais "saudável", adicionando ingredientes considerados benéficos para a saúde ou eliminando ou reduzindo componentes considerados prejudiciais. A fibra é um dos componentes valiosos que podem ser incorporados nos produtos à base de carne do ponto de vista da saúde. Foram estudados vários tipos de fibras, isoladamente ou combinadas com outros ingredientes, para a formulação de produtos à base de carne com baixo teor de gordura, principalmente produtos moídos e reestruturados (Mansour & Khalil, 1999) e emulsões de carne (Claus & Hunt, 1991). A carne é uma fonte importante de todos os componentes nutricionais essenciais da nossa dieta diária, uma vez que contém a maioria dos aminoácidos essenciais, ácidos gordos, vitaminas e minerais que faltam nos alimentos de origem vegetal, mas é desprovida de fibra alimentar, que é um componente muito essencial para o processo fisiológico/bioquímico normal. Durante a transformação dos produtos à base de carne, os seus valores funcionais podem ser melhorados através da suplementação de substâncias vegetais ricas em fibras alimentares, tais como farinha de cereais e de leguminosas, polpa de legumes e de frutos, etc. Através deste processo, uma proporção significativa da dose diária necessária de fibras alimentares pode ser satisfeita pelos consumidores frequentes de carne. O consumo de produtos à base de carne enriquecidos com fibras alimentares pode levar à prevenção de doenças como as doenças coronárias, a diabetes, a doença do intestino irritável, a obesidade, etc. Por outro lado, as fibras alimentares podem ser incorporadas eficazmente nos produtos à base de carne transformados como aglutinantes, extensores e agentes de enchimento, podendo substituir significativamente os componentes gordos prejudiciais à saúde dos produtos; aumentar a aceitabilidade melhorando os componentes nutricionais, o pH, a capacidade de retenção de água, a estabilidade da emulsão, o valor da pressão de cisalhamento, as caraterísticas sensoriais, etc. dos produtos acabados. A adição de fibras alimentares aos produtos à base de carne pode aumentar o rendimento da cozedura e, consequentemente, os ganhos económicos.

6.1. Efeito da adição de fibras nas propriedades físico-químicas dos produtos à base de carne

As propriedades funcionais das fibras têm um efeito profundo nas propriedades físico-químicas da carne. A adição de fibras à carne resulta numa diminuição da perda por cozedura, numa alteração do pH e num aumento da estabilidade da emulsão. A maior estabilidade da emulsão, que resulta num maior rendimento de cozedura dos produtos à base de emulsão, é importante do ponto de vista tecnológico e económico. A alteração do pH aquando da adição de uma fonte de fibra alimentar depende em grande medida do pH da fonte de fibra adicionada.

Grigelmo-Miguel *et al.*, (1999) utilizaram duas suspensões diferentes de fibra alimentar (FD) de pêssego (17 e 29%) para obter salsichas com baixo teor de gordura e alto teor de FD (20% de gordura), que foram comparadas com um controlo só de carne (25% de gordura). A viscosidade das massas de carne aumentou com o teor de FD. Os teores de proteína (11,5%) e colagénio (1,4%) das salsichas não foram afectados pela adição de FD, e quanto maior o teor de FD, menor o pH (6,4 para 5,8) devido à acidez da solução de fibra. Alesson-Carbonell et al., (2004) trataram salsichas curadas a seco com dois tipos de albedo de limão desidratado (cru e cozinhado) em cinco concentrações (0-100 g kg-1 em incrementos de 25 g kg-1). A adição de albedo melhorou as propriedades nutricionais como resultado da adição de fibra e dos efeitos benéficos devido à presença de compostos biológicos activos. Pelo contrário, Fernandez-Lopez et al., (2007) avaliaram salsichas curadas a seco com adição de fibra de laranja. A adição de fibra de laranja seca a 10, 15 e 20 g/kg em salsichas fermentadas curadas a seco diminuiu o pH durante o processo de cura. Com o aumento da concentração de fibra, o pH diminuiu progressivamente. Subprodutos de frutos, nomeadamente pó de casca de kinnow (KRP), pó de casca de romã (PRP) e pó de semente de romã (PSP) em rissóis de carne de cabra. Concluiu-se que os extractos dos subprodutos em pó dos frutos acima referidos têm potencial para serem utilizados como antioxidantes naturais em produtos à base de carne (Devatkal et al., 2010). Rao e Reddy (2000) registaram um aumento do pH com a incorporação de fibra alimentar em pães de frango adicionados com farinha de grama preta e de Bengala. O farelo de centeio foi incorporado em quatro níveis diferentes, a saber, 5, 10, 15 e 20 %, e os resultados revelaram que o pH aumentou significativamente ($p<0,05$) ao nível de 10 % em comparação com o controlo (Yilmaz 2004). Um aumento semelhante no valor do pH foi novamente registado em almôndegas incorporadas com farelo de trigo a níveis de 5, 10, 15 e 20 % e o pH mais elevado foi obtido com a adição de 20 % de farelo de trigo (Yilmaz 2005). Talukdar e Sharma (2010) incorporaram farelo de trigo e farelo de aveia a níveis de 5, 10 e 15 % em rissóis de carne de frango. Registaram um aumento do pH da emulsão, bem como do produto cozinhado, com a incorporação de farelo de trigo. Carragenina e fibra de aveia nas propriedades de hidratação/ligação, cor e caraterísticas de sabor de salsichas. A adição de carragenina ou de fibra de aveia reduziu a perda durante a cozedura e aumentou a capacidade de retenção de água e a estabilidade da emulsão (Hughes *et al.*, 1997). Cofrades et *al.*, (2000) adicionaram fibra de soja (FS) a salsichas de mortadela, o que favoreceu a formação de estruturas mais duras e mais resistentes à mastigação, com melhores propriedades de ligação à gordura e à água. Chang & Carpenter, (1997) avaliaram a redução do teor de gordura de salsichas de frango utilizando vários níveis de farelo de aveia e água adicionada. As salsichas com níveis mais elevados de farelo de aveia tinham menos humidade expressável e necessitavam de uma maior tensão de cisalhamento para se partirem. A incorporação de fibra de ervilha em Patties e rissóis de carne moída melhorou a maciez e o rendimento de cozedura e mostrou menos alterações na espessura durante a cozedura, mas exigiu tempos de cozedura mais longos (Anderson e Berry, 2000). Lin e Lin (2004) também descobriram que a adição de celulose bacteriana (Nata.) em almôndegas de estilo chinês aumentava a capacidade de retenção de água das almôndegas cruas em comparação com o controlo, mas o padrão inverteu-se após a cozedura porque as perdas na cozedura de produtos contendo Nata eram superiores às do controlo. Vural et *al.*, (2004) e Javidipour et *al.*, (2005) utilizaram fibra de beterraba sacarina e relataram um aumento significativo na capacidade de retenção de água e no teor total de fibra alimentar de salsichas e salame de tipo turco, respetivamente. O pH da emulsão, a estabilidade da emulsão e o rendimento da cozedura aumentaram com a incorporação de farelo de arroz a diferentes níveis em massas de carne (Choi et *al.*, 2007). A adição de fibras alimentares de ervilha e trigo melhorou a capacidade de ligação à água, incluindo o rendimento da cozedura, e diminuiu o encolhimento dos hambúrgueres de carne de vaca (Besbes et *al.*, 2008). A adição de película de avelã afectou alguns parâmetros de qualidade dos hambúrgueres de carne de vaca. O rendimento de cozedura e a redução do diâmetro e da espessura dos hambúrgueres de carne de bovino melhoraram com a adição de película de avelã. Os hambúrgueres de carne de vaca formulados com película de avelã tinham valores L, a e b mais baixos do que as amostras de controlo ($P < 0,05$). Houve diferenças entre as amostras de hambúrgueres de carne de vaca no que diz respeito às propriedades sensoriais, as amostras de controlo e as amostras adicionadas com 1% e 2% de película tiveram uma elevada aceitabilidade. Os resultados indicam que 1-2% de película de avelã pode ser usada como uma fonte adequada de fibra alimentar na produção de hambúrgueres de carne de vaca com baixo teor de gordura (Turhan et *al.*, 2005). Morin et *al.*, (2004) examinaram as interações entre as proteínas da carne e a goma de beta-glucano em salsichas com baixo teor de gordura (12%, w/w) formuladas com b-glucano a 0,3% e 0,8% (w/w). Os resultados da perda por cozedura indicaram que a goma de b-glucano retinha mais água nas salsichas cozinhadas do que a goma de controlo (carboximetilcelulose), devido à sua capacidade de formar uma rede mais apertada no interior da matriz proteica, como demonstrado pela microscopia eletrónica de varrimento.

6.2. Propriedades funcionais da fibra alimentar em produtos à base de carne

A utilização e a incorporação de fibra alimentar em produtos à base de carne estão a ganhar importância de dia para dia. A adequação da incorporação de fibras em produtos à base de carne está a aumentar devido às inúmeras propriedades funcionais, como a retenção de água, a lubrificação, a capacidade de diminuir a perda na cozedura, a modificação da textura e o sabor neutro (Akoh, 1998). As fibras alimentares isoladas de várias fontes vegetais, como frutos desidratados, legumes e fibras de cereais, têm sido utilizadas na indústria alimentar e têm mostrado resultados promissores (Viuda-Martos *et al.*, 2010). No entanto, verificou-se que as fibras de frutos e vegetais têm uma melhor capacidade de ligação ao óleo, o que é de grande importância em produtos à base de emulsão (Rodriguez et al., 2006). As propriedades de hidratação e de ligação ao óleo da fibra alimentar estão relacionadas com a sua estrutura química, o pH, a força iónica e o tamanho das partículas (Fleury & Lahaye, 1991) (Quadro 14). Estas duas propriedades, por sua vez, afectam a possibilidade de utilização de várias fibras como ingredientes em produtos à base de carne. Por exemplo, a fibra alimentar com elevada capacidade de retenção de óleo permite a estabilização da gordura em produtos à base de emulsão, enquanto que as fibras alimentares com elevada capacidade de retenção de água podem ser utilizadas como ingrediente funcional para evitar a sinérese e para modificar a viscosidade e a textura de alguns alimentos formulados (Grigelmo-Miguel & Martina-Belloso, 1999). Várias fontes de fibra, como aveia, beterraba sacarina, soja, ervilha, psyllium, etc., foram experimentadas na formulação de alguns produtos cárneos, como rissóis e salsichas (Andres, 1986). A fibra também está a ser utilizada como extensor, aglutinante e substituto de gordura no fabrico de vários produtos à base de carne (Modi et *al.,* 2009).

6.3. Efeito da adição de fibra alimentar na composição proximal dos produtos à base de carne

A adição de fibras aos produtos à base de carne pode resultar numa alteração da composição global dos produtos finais. Isto levou ao aparecimento de novas fontes de fibras, oferecendo novas oportunidades na sua utilização nas indústrias (Guillon & Champ, 2000). Chang & Carpenter, (1997) trabalharam na adição de farelo de aveia hidratado em salsichas e descobriram que o teor de humidade e o nível de hidratos de carbono aumentavam com o aumento subsequente do nível de farelo de trigo e de aveia. No entanto, o teor de humidade e de gordura diminuiu com o aumento dos níveis de farelo de aveia. Dawkins et *al.,* (1999) formularam hambúrgueres à base de carne de chevon (cabra) com farelo de aveia (15-50% w/w) e avaliaram o teor de nutrientes e as propriedades físico-químicas. A humidade, a gordura e a proteína diminuíram com o aumento do farelo de aveia. Mansour & Khalil, (1999) relataram um aumento do teor de humidade, proteínas, cinzas e hidratos de carbono em hambúrgueres de carne de vaca cozidos e não cozidos com fibra de trigo hidratada (1:1). Explicaram que a diminuição do teor de gordura se deveu ao facto de a fibra de trigo ter sido utilizada como substituto da gordura. Yasarlar et *al.,* (2007) estudaram o efeito dos farelos de cereais (aveia, milho, centeio e trigo) na produção de almôndegas. Foram estudados os efeitos da adição de farelo na composição química, nas perdas de peso, no teor de fibra alimentar, na cor e nas propriedades sensoriais de almôndegas de tipo turco. As amostras de controlo e as amostras adicionadas com 10 % de farelo de com apresentaram as pontuações mais elevadas de aceitabilidade global e 15 % de adição de farelo de com também conduziram a produtos aceitáveis. Modi *et al.,* (2009) prepararam kofta de carne com a incorporação de 8% de farinha de aveia e diferentes concentrações de carragenina na formulação de um produto de carne com baixo teor de gordura e elevado teor de fibra. A inclusão de farinha de aveia e carragenina na formulação resultou numa maior retenção de humidade e no rendimento da cozedura e da fritura. A kofta de carne com baixo teor de gordura e elevado teor de fibra pode ser preparada utilizando 8,0% de farinha de aveia e 0,5% de carragenina sem grande efeito prejudicial nos seus atributos físico-químicos e sensoriais. A adição de farinha de soja com baixo teor de gordura e/ou pó de feijão mungo como extensores de carne em carne de búfalo a um nível de 10% reduziu o teor de humidade e gordura, enquanto aumentou o teor de fibra e proteína nas amostras cozinhadas (Kenawi et *al.*, 2009). Huang et *al.*, 2011 estudaram o efeito da adição de fibra de trigo, fibra de aveia e inulina a salsichas de estilo chinês a um nível de 3,5% e 7%. Os resultados mostraram que o tipo e a quantidade de fibra alimentar introduzida não influenciaram significativamente a composição geral, a cor e a contagem total de placas das salsichas. No entanto, a adição de fibra de trigo e de fibra de aveia endureceu significativamente a textura das salsichas de estilo chinês. Yilmaz (2004) relatou uma diminuição do teor de humidade e de gordura, mas um aumento do teor de proteínas e de cinzas com uma quantidade crescente de adição de farelo de centeio em almôndegas com baixo teor de gordura. Huang et al. (2005) verificaram que a utilização de farelo de arroz no kung-wan, uma almôndega de carne de porco emulsionada, diminuiu o teor de proteínas e de gordura das almôndegas e, em contrapartida, o teor de hidratos de carbono aumentou significativamente com o aumento da quantidade de farelo de arroz. Yilmaz (2005) determinou uma diminuição do teor de gordura e de humidade, mas um aumento da percentagem de proteínas e de cinzas com o aumento do nível de farelo de trigo, a saber, 5, 10, 15 e 20 %, em almôndegas com baixo teor de gordura, mas Saricoban et *al.* (2009) referiram que a adição de farelo de trigo diminuía as proteínas e aumentava a percentagem de gordura dos hambúrgueres de carne de bovino cozinhados. Serdaroglu (2006) utilizou três concentrações de farinha de aveia, a saber, 0, 2 e 4 % (v/w) em hambúrgueres de carne de vaca e referiu que a adição de farinha de aveia resultou numa diminuição do teor de humidade nos hambúrgueres crus, mas num aumento nos hambúrgueres cozinhados. A adição de farinha de aveia não alterou o teor de proteínas, gordura e cinzas dos hambúrgueres crus ou cozinhados. Choi et *al.*, (2008) relataram um aumento do teor de cinzas com a adição de fibra de farelo de arroz a salsichas de tipo emulsão e emulsões de carne com baixo teor de gordura, respetivamente. Bilek e Turhan (2009) adicionaram farinha de sementes de linho a 3, 6, 9, 12 e 15 % de concentração em hambúrgueres de carne de vaca e observaram que, com um nível crescente de farinha de sementes de linho, o teor de gordura e de cinzas aumentou, enquanto o teor de humidade e de proteínas diminuiu. Choi et *al.*, (2010) registaram a humidade, a proteína, a gordura e o teor de cinzas de formulações de massa de carne não cozida com níveis variáveis de óleo de semente de uva e de fibra de farelo de arroz. Verificaram que o teor de proteínas, gorduras e cinzas do tratamento com 20 % de toucinho de porco e 2 % de fibra de farelo de arroz era superior ao do tratamento com apenas 20 % de toucinho de porco. No entanto, o teor de humidade era inferior ao do primeiro. Do mesmo modo, a adição de fibras alimentares (fibra de trigo, fibra de aveia e inulina) resultou num teor de humidade significativamente inferior ao do controlo em salsichas de estilo chinês (Huang *et al.*, 2011). Os grupos experimentais e de controlo não apresentaram diferenças significativas nos teores de gordura e proteína brutas, mas o teor de fibra bruta aumentou com a adição de fibra alimentar. As salsichas moídas com níveis de fibra de trigo e de aveia a 7,5 e 10 % resultaram em teores de gordura mais baixos em comparação com as salsichas de controlo, enquanto o teor de proteínas não diferiu significativamente (Szczepaniak et al., 2005).

6.4 Efeito da fibra alimentar nas propriedades sensoriais dos produtos à base de carne

A propriedade sensorial dos produtos à base de carne é uma caraterística complexa que depende do aroma e do sabor, da cor, do aspeto, da tenrura e da suculência. De todos os parâmetros sensoriais acima referidos, o consumidor dá mais importância ao sabor e à textura. De acordo com Risivik (1994), a carne tenra e suculenta é geralmente preferida pelos consumidores. Anderson e Berry, (2000) adicionaram fibra de cotilédone de ervilha em hambúrgueres de carne de vaca com baixo teor de gordura (10 e 14 %), o que resultou numa maior tenrura sem qualquer efeito negativo na suculência ou na intensidade do sabor da carne. Garcia et al., (2006) estudaram o efeito da inulina nas propriedades texturais e sensoriais da mortadela, um produto de carne cozinhado espanhol. A análise textural indicou que a inulina em pó aumenta a dureza. Pode estabelecer-se que este produto pode ser enriquecido com inulina até um nível máximo de 7,5% e de preferência sob a forma de gel com uma boa qualidade sensorial. (Yilmaz, 2005) incorporou farelo de trigo como substituto de gordura na produção de almôndegas com quatro formulações diferentes, incluindo 5%, 10%, 15% e 20% de adição de farelo de trigo. As amostras de controlo foram formuladas com 10% de adição de gordura. Verificou-se uma diferença significativa entre as amostras de almôndegas no que diz respeito às propriedades sensoriais e as amostras de controlo apresentaram uma aceitabilidade superior à das outras amostras de almôndegas. Eim et *al.,* (2008) formularam uma salsicha fermentada seca, conhecida como sobrassada, contendo diferentes percentagens de fibra alimentar de cenoura de 3 a 12 %. A adição de fibra alimentar de cenoura à sobrassada modificou as propriedades organolépticas, dependendo da concentração. Todos os atributos sensoriais diminuíram quando o nível de fibra alimentar adicionada foi superior a 3 %. Lee et al., (2008) determinaram o efeito da adição de kimchi em pó nas propriedades de textura das salsichas de pequeno-almoço. O tratamento com 2 % de kimchi em pó apresentou maior dureza, gomosidade e mastigabilidade em comparação com o controlo. Kenawi et *al.,* (2009) estudaram o efeito da adição de farinha de soja com baixo teor de gordura e/ou pó de feijão-mungo como extensores de carne. O produto com 5 % de farinha de soja com baixo teor de gordura e de feijão mungo em pó apresentou os valores mais elevados de cor, sabor, odor, suculência e aceitabilidade global. A adição de farinha de soja com baixo teor de gordura e de feijão mungo em pó aumentou a suculência dos hambúrgueres em comparação com o controlo. Verma *et al.,* (2009) incorporaram várias fontes de fibra alimentar como farinha de casca de ervilha, polpa de maçã, farinha de casca de grama e cabaça de garrafa em diferentes combinações em nuggets de frango com baixo teor de gordura. Verificaram-se diferenças em diferentes atributos de qualidade entre os produtos de controlo e os tratados, mas organolepticamente estes últimos eram comparáveis aos primeiros. Yilmaz & Gegel, (2009) referiram que as pontuações sensoriais das almôndegas de vitela com 10, 15 e 20 % de inulina adicionada eram menos aceitáveis do que as do controlo devido à dureza, à pouca suculência e à baixa intensidade do sabor. Viuda-Martos et al., (2010) também relataram uma diminuição da suculência e um aumento da perceção de dureza na análise sensorial de mortadelas adicionadas de fibra alimentar de laranja. A aparência global, a salinidade, a gordura e o sabor ácido não foram afetados pela fibra alimentar de laranja.

6.4. Fibra e propriedades texturais dos produtos à base de carne

As três componentes importantes da aceitabilidade dos alimentos são a textura, o aspeto e o sabor. Embora não exista uma alternativa à perceção humana para a medição da textura, o analisador de textura Instron é o mais utilizado para o efeito. Lin e Lin, (2004) relataram que a adição de celulose bacteriana (Nata.) em almôndegas de estilo chinês resultou num efeito prejudicial nos atributos de textura. Os valores de dureza, coesividade, elasticidade, mastigabilidade e força de cisalhamento mostraram um padrão decrescente com um nível crescente de incorporação de Nata. Garcia et *al.,* (2006) registaram um aumento no valor da dureza da mortadela, um produto de carne cozinhado espanhol incorporado com inulina. A inulina em pó aumentou a dureza a um nível de 2,5%, enquanto em gel afectou a dureza a 7,5%. Saricoban et *al.,* (2009) adoptaram um modelo de Box-Behnken de três factores para estudar os efeitos simultâneos das variáveis de processamento, como a gordura (10-30 %), o farelo de trigo (515 %) e o NaCl (0-2 %), nas propriedades físico-químicas, texturais e sensoriais de hambúrgueres de carne de vaca cozinhados. Verificaram que a adição de farelo de trigo aumentou a dureza e a gomosidade, mas diminuiu a elasticidade, a resiliência e a coesividade sem influenciar a adesividade dos hambúrgueres de carne de vaca cozinhados. Choi et *al.,* (2011) estudaram a adição de fibra de farelo de arroz nas propriedades texturais do gel induzido pelo calor e verificaram que a dureza era significativamente menor nos géis com fibra de farelo de arroz adicionada do que nas amostras de controlo. Da mesma forma, a elasticidade, a coesividade, a gomosidade e a mastigabilidade foram inferiores em todas as amostras com fibra de farelo de arroz adicionada em relação ao controlo. Warn Rosli et *al.,* (2011) estudaram as propriedades texturais de hambúrgueres de frango formulados com diferentes níveis de cogumelo ostra cinzento a 0, 25 ou 50% como fonte de fibra e substituto de gordura. Verificaram que a dureza dos hambúrgueres de frango diminuía proporcionalmente com o aumento do nível de cogumelo ostra. Além disso, a coesividade, a gomosidade e a mastigação dos hambúrgueres à base de cogumelo ostra tinham valores inferiores aos do controlo, enquanto a elasticidade era superior à dos hambúrgueres de frango do controlo. A adição de pó de kimchi nas propriedades texturais das salsichas de pequeno-almoço foi relatada por

Lee et al., (2008). O tratamento com 2 % de kimchi em pó apresentou maior dureza, gomosidade e mastigabilidade em comparação com o controlo. Foram registados aumentos semelhantes nos parâmetros de textura acima referidos para salsichas e mortadelas devido à adição de fibra de soja, proteína plasmática e outros tipos de fibra (Confrades *et al.*, 2000).

6.5. Caraterísticas de qualidade dos produtos à base de carne ricos em fibras durante a armazenagem

A manutenção da estabilidade e da qualidade superior de um produto à base de carne durante o período de armazenamento é da maior importância. Verificou-se que a adição de vários tipos de fontes de fibra em produtos à base de carne influencia a qualidade de armazenamento de várias formas. Prasad et *al.*, (2011) relataram que a farinha de aveia tinha uma melhor inibição da oxiemioglobina oxidada quando adicionada à kofta de frango em comparação com o controlo. Verificou-se também que o produto era microbiologicamente seguro e sensorialmente aceitável durante os 15 dias de armazenamento. Modi et *al.*, (2003) observaram que o hambúrguer de carne de búfalo contendo farinhas torradas registou valores mais baixos de TBA, o que significa uma menor oxidação lipídica do que o controlo. Verificou-se que os hambúrgueres eram organolepticamente aceitáveis após armazenamento durante 4 meses. Alvarez et *al.*, (2011) verificaram que a atividade antioxidante das salsichas adicionadas de farelo de arroz foi preservada até 14 dias de armazenamento, mostrando uma proteção eficaz contra a oxidação lipídica. Pelo contrário, Choi et *al.*, (2010) verificaram uma maior oxidação lipídica em salsichas suplementadas com farelo de arroz. Durante a armazenagem, a alteração do pH dos produtos à base de carne é um fenómeno interessante. Modi et *al.*, (2009) relataram uma diminuição do pH da kofta de carneiro frita adicionada de farinha de aveia durante o período de armazenamento de 6 semanas. Mas foi observado um aumento da alcalinidade, resultando num pH mais elevado, na fibra de farelo de arroz adicionada de proteínas de carne de porco solúveis em sal num sistema modelo (Choi et *al.*, 2011). Resultados semelhantes foram observados por Verma et *al.*, (2009) no armazenamento de nuggets de frango com ingredientes ricos em fibras.

7. Desafios e potencial futuro dos produtos à base de carne ricos em fibras

A adequação da incorporação de fibras alimentares em produtos à base de carne está a aumentar devido às suas inúmeras propriedades funcionais, como a retenção de água, a estabilidade da emulsão, a lubrificação, a modificação da textura e o sabor neutro. Várias fontes de fibra como a aveia, o arroz, a beterraba sacarina, a soja, a ervilha, o psílio, etc., foram experimentadas na formulação de alguns produtos à base de carne, tais como rissóis e salsichas, para o desenvolvimento de uma dieta nutricionalmente equilibrada. A fibra também está a ser utilizada como substituto de gordura no fabrico de vários produtos à base de carne. Para além das suas propriedades nutricionais, a fibra alimentar é agora utilizada em produtos à base de carne para melhorar a tecnologia, como o rendimento de cozedura, as propriedades reológicas, a redução dos custos de formulação e o aumento da palatabilidade e da textura dos produtos à base de carne. Os produtos à base de carne ricos em fibras alimentares são considerados clinicamente melhores do que os produtos à base de carne tradicionais. Mas o verdadeiro desafio reside, de facto, no desenvolvimento e comercialização eficazes destes produtos cárneos funcionais. Mesmo do ponto de vista do consumidor, a confiança na composição e nos resultados desejados dos produtos à base de carne ricos em fibras no consumo regular tem de ser amplamente estudada. O desenvolvimento de produtos à base de carne enriquecidos com fibras é, de facto, uma área nova. Há ainda muito trabalho a fazer para revelar o verdadeiro potencial destes componentes que são pouco utilizados na alimentação ou que estão agora a ser eliminados da alimentação devido à mudança de hábitos alimentares.

Resumo

A incorporação de fibras alimentares, quer solúveis quer insolúveis, nos produtos à base de carne é considerada uma necessidade atual, tendo em conta os seus vários benefícios para a saúde. Na era da globalização e da comida rápida, o consumo de fibras alimentares pode ser benéfico no que diz respeito a várias perturbações nutricionais e relacionadas com a alimentação, especialmente quando o número de doentes com esses problemas está a aumentar. Vários investigadores exploraram várias fontes de fibras alimentares, que estão a ser utilizadas nos produtos à base de carne. Estas fontes aumentam significativamente o teor de fibras alimentares nos produtos à base de carne, tornando-os mais funcionais e mais saudáveis. Os produtos à base de carne podem ser enriquecidos com uma quantidade adequada de fibras alimentares através de uma seleção sensata das fontes de fibras e do método de incorporação. Assim, espera-se que, no futuro, estejam disponíveis novos produtos à base de carne mais aceitáveis e com benefícios promissores para a saúde.

Referências

AACC (2001) A definição de fibra alimentar. Relatório da AACC. *Cereal Foods World* 46:112-126.

Alesson-Carbonell, L., Fernandez-Lopez, J., Sendra, E., Sayas Barbera, E., Perez-Alvarez, J.A.2004. Caraterísticas de qualidade do enchido curado seco não fermentado formulado com albedo de limão. *Jornal de Ciência e Agricultura Alimentar,* 84:2077-2084.

Alvarez, D., Defies, R.M., Xiang, Y.L., Castillo, M., Payne, F.A., Laencina, J. 2011. Influência dos azeites de canola, farelo de arroz e noz na funcionalidade e estabilidade da emulsão de salsichas. *Jornal de Ciência e Tecnologia Alimentar,* 44:1435-1442.

Anderson, E.T., Berry, B.W. 2000. Propriedades sensoriais, de cisalhamento e de cozedura de hambúrgueres de carne de vaca com baixo teor de gordura feitos com fibra de ervilha. *Journal of Food Science,* 65(5):805-810.

Andres, C. 1986. Multifunctional fiber provides nutrition, texture and increased functionality. *Food Process,* 47(13):39-40.

Best, D.1991. O que é que aconteceu à fibra? *Prepared* Foods,160:54-56.

Biesalski, H.K.2005. Meat as a component of a healthy diet - are there any risks or benefits if meat is avoided in the diet? *Meat Science,* 70:509-524.

Briggs, G.M., & Schweigert, B.S. 1990. An overview of meat in the diet. Em A.M. Pearson, & T.R. Dutson, *Advances in Meat Research* 6,1-18. New York: Elsevier Applied Science.

Brown,L., Rosner, B., Willett, W.W. & Sacks, F.M. 1999. Cholesterol lowering effects of dietary fiber: a meta-analysis (Efeitos da fibra alimentar na redução do colesterol: uma meta-análise). *American Journal of Clinical Nutrition,* 69:30-42.

Chang, H.C. & Carpenter, J.A. 1997. Otimização da qualidade de salsichas contendo farelo de aveia e água adicionada. Journal of Food Science, 62(1): 194-197.

Cheeke, P.R. 2005. *Applied animal nutrition.* 3ª Edição. Lebanon, Indiana: Prentice Salão.

Choi, Y.S., Choi, J.H., Han, D.J., Kim, H.Y., Lee, M.A., Kim, H.W., Jeong, J.Y. & Kim, C.J.2011. Efeitos da fibra de farelo de arroz no gel induzido pelo calor preparado com proteínas de carne solúveis em sal de porco em sistema modelo. *Meat Science,* 88:59-66.

Claus, J.R. & Hunt, M.C.1991. Bolonha com baixo teor de gordura e elevado teor de água adicionada, formulada com ingredientes modificadores de textura. *Journal of Food Science,* 56: 643-647

Colmenero, F.J., Ayo, M.J. & Carballo, J. 2005. Propriedades físico-químicas da salsicha de baixo teor de sódio com adição de nozes: efeito da transglutaminase combinada com caseinato, KC1 e fibra alimentar como substitutos do sal. *Meat Science,* 69(4):781-788.

Confrades, S., Guerra, M.A., Carballo, J., Fema'ndez-Marti'n, F. & Jime'nez- Colmenero ,F. 2000. Efeito do teor de proteína plasmática e fibra de soja nas propriedades da salsicha de mortadela, influenciado pelo nível de gordura. *Journal of Food Science,* 65(2):281-287.

Dawkins, N.L., Phelps, O., Mcmillan, K.W. & Forrester, LT. 1999. Composição e propriedades físico-químicas de rissóis de carne de chevon com farelo de aveia. *Journal of Food Science,* 64(4):597-600.

Devatkal, S.K., Narsaiah, K. & Borah, A. 2010. Efeitos anti-oxidantes de extractos de casca de kinnow, casca de romã e pós de sementes em rissóis de carne de cabra cozinhada. *Meat Science,* 85(1):155-159.

Eim, V.S., Small, S., Rossello, C. & Femenia. A. 2008. Efeito da adição de fibra alimentar de cenoura no processo de maturação de uma linguiça fermentada seca (Sobressada). *Ciência da*

Carne, 80:173-182.

Fernandez-Lopez, J., Sendra, E., Sayas-Barbera, E., Navarro, C. & Perez-Alvarez, J.A. 2008. Perfis físico-químicos e microbiológicos do "salchichon" (enchido fermentado seco espanhol) enriquecido com fibra de laranja. *Ciência da Carne,* 80:410-417.

Fernandez-Lopez, J., Viuda-Martos, M., Sendra, E., Sayas-Barbera, E., Navarro, C. & Perez Alvarez, J.A. 2007. Fibra de laranja como potencial ingrediente funcional para enchidos curados a seco. Europain Food Research & Technology, 226:1-6.

Fleury, N. & Lahaye, M. 1991. Caracterização química e físico-química das fibras de Laminaria digitata (Kombu breton): uma abordagem fisiológica. *Journal of Science and Food Agriculture,* 55:389-400.

Gallaher, D. D., Locket, P.L. & Gallaher, C.M. 1992.Bile acid metabolism in rats fed two levels of com levels and brans of oat, rye and barley and sugar beet fiber. *Journal of Nutrition,* 122:473-481.

Garcia, M.L., Caceres, E. & Selgas, M.D. 2006. Efeito da inulina nas propriedades texturais e sensoriais da mortadela, *um* produto de carne cozinhado espanhol. *Jornal Internacional de Ciência e Tecnologia Alimentar,* 41:1207-1215.

Grigelmo-Miguel, N., Abadias-Seros, M.I. & Martin-Belloso, O. 1999. Characterisation of low-fat high-density fibre frankfurters. *Meat Science,* 52(3):247-256.

Guillon, F. & Champ, M. 2000. Propriedades estruturais e físicas das fibras alimentares e consequências do processamento na fisiologia humana. *Food Research and International,,*33:233-245.

Hipsley, E.H. 1953. Dietary fiber and pregnancy toxaemia (Fibra dietética e toxemia na gravidez). *Bratian Medical Journal,* 2:420-442.

Huang ,S.C., Shiau, C.Y., Liu, T.E., Chu, C.L. & Hwang, D.F.2005. Effects of rice bran on sensory and physico chemical properties of emulsified pork meatballs. *Meat Science,* 70:613619.

Huang, S.C., Tsai, Y.F. & Chen, C.M. 2011. Efeitos da fibra de trigo, fibra de aveia e inulina nas propriedades sensoriais e físico-químicas de salsichas de estilo chinês. *Asian-Australlian Journal of Animal Science,* 24(6):875-880.

Hughes, E., Calfrades, S. & Troy, D.J. 1997. Effect of fat level, aat fiber and carrageenan on frankfurters with 5, 12 or 30 % fat. *Meat Science,* 45(3):273-281.

Johnson, LT & Southgate, D.A.T. 1994. Fibra alimentar e substâncias relacionadas. In: Série Segurança Alimentar. Edelman J, Miller S (eds), Chapman & Hall, Londres, p 39-65.

Kenawi, M,A., Abdelsalam, S.A. & El-Sherif, S.A.2009. O efeito do pó de feijão mungo e/ou da farinha de soja com baixo teor de gordura como extensor de carne na qualidade química, física e sensorial do produto de carne de búfalo. *Biotechnology and Animal Husbandry,* 25(5-6):327-337.

King, J.C. & Tumlund, J.R. 1989. Necessidades humanas de zinco. Padrão alimentar e fornecimento de zinco. Em C.F. Mills, *Zinc in Human Biology* (*Zinco na Biologia Humana*) (pp. 351-363). Laufen: Springer Verlag.

Kritchevsky, D. 2000. A fibra alimentar na saúde e na doença. In: Proclst International Confession Dietary fibre, McCleary, B.V., Prosky, L (eds), Dublin, Irlanda, 14-17 de maio, Blackwell Science, Oxford, UK, p 38.

Latunde-Dada, G.O. & Neale, R.J. 1986. Revisão: Availability of iron from foods. *Journal of Food Technology,* 21: 255-268.

Lin, K.W. & Lin, H.Y. 2004. Caraterísticas de qualidade da carne de vaca à moda chinesa contendo celulose bacteriana (Nata.). *Journal of Food Science,* 69(3): 107-111.

Mansour, E.H & Khalil, A.H. 1999.Characteristics of low-fat beefburgers as influenced by various types of wheat fibers. *Jornal de Ciência e Agricultura Alimentar,* 79:493-498

McDowell, L.R. 2000. Vitamins in Animal and Human Nutrition, 2ª Edição. Iowa: Iowa State University Press.

Modi, V.K., Mahendrakar, N.S., Narasimha Rao, D. & Sachindra, N.M. 2003. Quality of buffalo meat burger containing legume flour as binders. *Meat Science,* 66:143-149.

Modi, V.K., Yashoda, K.P., Bhaska, N. & Mahendrakar, N.S. 2009. Effect of carrageenan and oat flour on storage characteristics of fried mutton kofta (Efeito da carragenina e da farinha de aveia nas caraterísticas de conservação da kofta de carneiro frita). *Journal of Food Process & Preservation,* 33(6):763-776.

Morin, L.A., Temelli. F. & McMllen, L. 2004. Interação entre as proteínas da carne e o 0-glucano da cevada Hordeurm spp. num sistema de salsichas de pequeno-almoço com baixo teor de gordura. *Meat Science,* 68:419-430.

Mun, S., Decker, E.A., Park, Y., Weiss, J & McClements, D.J. 2006. Influência da composição interfacial na vitrodigestibilidade de lípidos emulsionados: mecanismo potencial para a capacidade do quitosano de inibir a digestão da gordura. *FoodBiophysis,* l(l):21-29.

Pellett, P.L., & Young, V.R. 1990. Papel da carne como fonte de proteínas e aminoácidos essenciais na nutrição proteica humana. Em A.M. Pearson, & T.R. Dutson, *Advances in meat research* 6, 329-370. New York: Elsevier Applied Science.

Prasad, B., Rashrni, M.D., Yashoda, K.P. & Modi, V.K. 2011. Effect of casein and oat flour on physicochemical and oxidative processes of cooked chicken kofta (Efeito da caseína e da farinha de aveia nos processos físico-químicos e oxidativos da kofta de frango cozinhada). Journal of Food Process & Preservation, 35(3):359-368.

Puupponen-Pimia, R., Aura, A.M., Oksman-Caldentey, K.M., Myllarinen, P., Saarela, M.,

Mattila-Sandholm,T. & Poutanen. K. 2002. Desenvolvimento de ingredientes funcionais para a saúde intestinal. *Trends in Food Science & Technology,* 13:3-11.

Raymann, M.P. 2000. The importance of selenium ti human helath. *Lancet, 356,* 233-241.
Risivik, E. 1994. Propriedades sensoriais e preferências. *Meat Science,* 36:6777.

Anderson, E.T. & Berry, B.W. 2000. Sensory, shear and cooking properties of low-fat beef patties made with inner pea fibre. Journal Food Science, 65(5):805-810.

Sahlin, A. & House, J.D. 2006. Aumentar o teor de vitaminas da carne e dos ovos: Implications for the human diet. *Canadian Journal of Animal Science, 86:* 37-48.

Saricoban, C., Yilmaz, M.T. & Karakaya, M. 2009. Estudo da metodologia de superfície de resposta sobre a otimização dos efeitos da gordura, do farelo de trigo e do sal nas propriedades químicas, texturais e sensoriais dos hambúrgueres. *Meat Science,* 83:610-619.

Schubert, W.J. 1956. Lignin biochemistry. Académico, Nova Iorque, pp 2-6.

Seuss, I.K., Honikel, K.O., & Scholz, W. 1988. Zum Nahrstoffgehalt von Rind- und Schweinefleisch. I. Rohes Fleisch. *Fleischwirtschaft: 68,*839-841, 880.

Talukdar, S.& Sharma, D.P. 2010. Desenvolvimento de rissóis de carne de frango ricos em fibra alimentar utilizando farelo de trigo e de aveia. *Journal and Food Science & Technology,* 47(2):224-229.

Turhan, S., Sagir, I. & Ustun, N.S. 2005. Utilização da película de avelã em hambúrgueres de carne de vaca com baixo teor de gordura. *Meat Science,* 71:312-316.

Verma, A.K., Sharma, B.D. & Banerjee, R. 2009. Caraterísticas de qualidade e estabilidade de armazenamento de nuggets de frango funcionais com baixo teor de gordura, com uma mistura de substitutos do sal e ingredientes ricos em fibras. *Fleis- chwirtschaft International,* 24(6):52-57

Viuda-Martos, M., Ruiz-Navajas, Y., Fernandez-Lopez, J.& Perez-Alvarez, J.A. 2010. Efeito da fibra alimentar da laranja, do óleo de orégãos e das condições de embalagem no prazo de validade das salsichas de mortadela. *Food Control,* 21:436-443.

Welsh ,S., Shaw, A. & Davis, C. 1994. Atingir a recomendação dietética: alimentos integrais na pirâmide do guia alimentar. *Critical review of Food Science & Nutrition,* 34:441-451.

Yilmaz, I. 2005. Caraterísticas físico-químicas e sensoriais de almôndegas com baixo teor de gordura adicionadas de farelo de trigo. *Jornal de Engenharia Alimentar,* 69:369-373.

Yilmaz, I. & Gegel, U. 2009. Effect of inulin addition on physico chemical and sensory characteristics of meatballs (Efeito da adição de inulina nas caraterísticas físico-químicas e sensoriais das almôndegas). *Journal of Food Science & Technology,* 46:473-476.

Wang, J., Rosella, C. M e Barbera, C. B. 2002. Efeito da adição de diferentes fibras no desempenho da massa de trigo e na qualidade do pão. *Food Chemistry* **79:** 2.21-226.

Serdaroglu, M 2006. As caraterísticas dos hambúrgueres de carne de vaca com diferentes níveis de gordura e farinha de aveia. Int J Food Sei Technol 41:147-153.

Choi YS, Jeong JY, Choi JH, Han DJ, Kim HY, Lee MA 2008) Efeitos da fibra alimentar do farelo de arroz nas caraterísticas de qualidade das salsichas de tipo emulsão. J Korean Soc Food Sci Anim Res 28(1): 14-20.

Bilek AE, Turhan S (2009) Melhoria do estado nutricional dos hambúrgueres de carne de vaca através da adição de farinha de sementes de linho. Meat Sci 82:472-477.

Choi YS, Choi JH, Han DJ, Kim HY, Lee MA, Kim HW, Lee JW, Chung HJ, Kim CJ (2010) Otimização da substituição da gordura do dorso do porco por óleo de semente de uva e fibra de farelo de arroz para sistemas de emulsão de carne com baixo teor de gordura. Meat Sci 84(1):212-218.

Szczepaniak B, Piotrowska E, Dolata W, Zawirska-Wojtasiak R (2005) Effect of partial fat substitution with dietary fiber on sensory properties of finely comminuted sausages part I. wheat and aat fiber. Pol J Food Nutr Sci 14/55(3):309-314.

Guillon F, Champ M (2000) Structural and physical properties of dietary fibers and consequences of processing on human physiology. Food Res Int 33:233-245.

Yasarlar EE, Daglioglu O, Yilmaz I (2007) Effect of cereal bran addition on chemical composition, cooking characteristics and sensory properties of Turkish meatballs. Asian J Chem 19(3):2353-2361.

Yilmaz I (2004) Effect of rye bran addition on fatty acid composition and quality characteristics of low fat meatballs. Meat Sci 67:245- 249

Grigelmo-Miguel N, Abadias-Seros MI, Martin-Belloso O (1999). Caracterização de salsichas com baixo teor de gordura e elevada densidade de fibras. Meat Sci 52(3):247-256.

Devatkal SK, Narsaiah K, Borah A (2010) Efeitos antioxidantes de extractos de casca de kinnow, casca de romã e pós de sementes em rissóis de carne de cabra cozinhada. Meat Sci 85(1): 155-159

Rao BJ, Reddy KP (2000) Influence of binders and refrigerated storage on quality of chicken meat loaves. Indian J Poult Sci 35(3):302-305.

Vural H, Javidipour I, Ozbas Ozen O (2004) Effects of interesterified vegetable oils and sugarbeet fiber on the quality of frankfurters. Meat Sci 67:65-72.

Javidipour I, Vural H, Ozbas OO, Tekin A (2005) Effect of interestified vegetable oils and sugar beet fibre on the quality of Turkish-type salami. Int J Food Sci Technol 40(2): 177-185.

Choi YS, Jeong JY, Choi JH, Han DJ, Kim HY, Lee MA et al (2007). Caraterísticas de qualidade de massas de carne contendo fibra dietética extraída do farelo de arroz. J Korean Soc Food Sei Anim Res 27(3):228-234.

Besbes S, Attia H, Deroanne C, Makni S, Blecker C (2008) Substituição parcial da carne por fibra de ervilha: efeito na composição química, caraterísticas de cozedura e propriedades sensoriais de hambúrgueres de carne de vaca. J Food Qual 31:480-489.

Morin LA, Temelli F, McMllen L (2004) Interação entre as proteínas da carne e o 0-glucano da cevada Hordeurm spp. num sistema de salsicha de pequeno-almoço com baixo teor de gordura. Meat Sci 68:419-430.

Akoh CC (1998) Substitutos de gorduras. Food Technol 52(3):47-53

Rodriguez R, Jimenez A, Fernandez-Bolanos J, Guillen R, Heredia A (2006) Dietary fibre from vegetable products as source of functional ingredients. Trends Food Sci Technol 17(1):3- 15

Lee MA, Han DJ, Jeong JY, Choi JH, Choi YS, Ki HY, Paik HD, Kim CJ (2008) Effect of kimchi powder level and drying methods on quality characteristics of breakfast sausage. Meat Sci 80:708-714

Alvarez D, Defies RM, Xiang YL, Castillo M, Payne FA, Laencina J (2011) Influência dos azeites de canola, farelo de arroz e noz na funcionalidade e estabilidade da emulsão de salsichas. J Food Sci Technol 44:1435-1442

Choi YS, Choi JH, Han DJ, Kim HY, Lee MA, Kim HW, Lee JW, Chung HJ, Kim CJ (2010) Otimização da substituição da gordura do dorso do porco por óleo de semente de uva e fibra de farelo de arroz para sistemas de emulsão de carne com baixo teor de gordura. Meat Sci 84(1):212-218.

Fergus C (2004) Functional foods: opportunities and challenges (Alimentos funcionais: oportunidades e desafios). Food Technol 58(12):35-40.

Decker EA, Park Y (2010) Healthier meat products as functional foods (Produtos de carne mais saudáveis como alimentos funcionais). Meat Sci 86(l):49-55.

Chan W (2004) Macronutrientes na carne. In: Jensen WK, Devine C, Dikeman M (eds) Encyclopedia of meat sciences. Elsevier Academic Press, Oxford, pp 614-618.

Saiga A, Okumura T, Makihara T, Katsuta S, Shimizu T, Yamada R (2003) Angiotensin I converting enzymes inhibitory peptides in a hydrolyzed chicken breast muscle extract. J Agric Food Chern 51:174-1745

Vercruysse L, Van Camp J, Smagghe GJ (2005) Peptídeos inibidores da ECA derivados de hidrolisados enzimáticos de proteínas musculares animais: uma revisão. J Agric Food Chern 53:8106- 8115.

Bhat ZF, Bhat H (2011) Functional meat products: a review. Int J Meat Sci 1 (1): 1 -14

Roberfroid MB (2002) Visão global dos alimentos funcionais: Perspectivas europeias. Br J Nutr 88:5133-5138.

OMS/FAO (2003) Diet, nutrition and prevention of chronic diseases (Dieta, nutrição e prevenção de doenças crónicas). Série de relatórios técnicos 916 da OMS, Genebra, Suíça.

Claus JR, Hunt MC (1991) Bolonha com baixo teor de gordura e elevado teor de água adicionada, formulada com ingredientes modificadores de textura. J Food Sci 56:643-647.

CAPÍTULO 6

PRODUTOS LÁCTEOS ENRIQUECIDOS COM FIBRAS

[1]Muneer Ahmad Dar,[1] Amir Hussain Dar,[2] S A Sofi e[2] Shafia Ashraf

[1]Department of food technology, IUST Awantipora J&K India[2] Division of food science and technology, SKUAST-Jammu india

Introdução

A Índia é o maior produtor de leite do mundo. O país é responsável por mais de 13% da produção total de leite do mundo e é também o maior consumidor mundial de produtos lácteos, consumindo quase toda a sua própria produção de leite. A indústria de lacticínios indiana está à beira de outra revelação, avançando para uma maior contribuição de vários produtos lácteos. A Índia está a tentar tornar-se uma indústria de lacticínios madura, transformando o leite simples em vários produtos lácteos de valor acrescentado. A utilização de leite e produtos lácteos é muito comum desde o início da civilização humana na dieta humana. Isto deve-se ao facto de o leite e os produtos lácteos estarem em condições de fornecer os nutrientes numa proporção equilibrada. Os nutrientes do leite têm um coeficiente de digestibilidade elevado e, por isso, são considerados indispensáveis para equilibrar a alimentação láctea. O leite é conhecido como um alimento completo. No entanto, foi notavelmente alargado para além do horizonte da subsistência nutricional dos bebés. O leite é mais do que uma fonte de nutrientes para qualquer espécie de mamífero, bem como para o crescimento das crianças e a alimentação dos adultos. Para além dos valores nutricionais do leite, verificou-se que os compostos bioactivos do leite, como as proteínas da caseína e do soro, são cada vez mais importantes para as funções fisiológicas e bioquímicas que têm um impacto essencial no metabolismo e na saúde humana (Schanbacher *et al.,* 1998; Korhonen e Pihlanto 2004; Gobbetti *et al.,* 2007).

Necessidade de fortificação:

Atualmente, verifica-se um interesse crescente por parte dos transformadores de alimentos e dos consumidores na fortificação de fibras alimentares em produtos alimentares à base de leite. Uma vez que o leite é desprovido de fibras solúveis ou insolúveis. Estas fibras dietéticas contribuem para um grande número de benefícios para a saúde nos regimes alimentares humanos. Pode tratar-se de uma opção puramente comercial para fornecer nutrientes extra aos alimentos, enquanto outras vezes é uma política de saúde pública que tem por objetivo reduzir o número de pessoas com deficiências alimentares na população.

Benefícios da fibra para a saúde:

O leite fornece uma vasta gama de componentes biologicamente activos que protegem as crianças e os adultos contra agentes patogénicos e doenças, tais como imunoglobulinas, péptidos antibacterianos, proteínas antimicrobianas, oligossacáridos e lípidos, para além de muitos outros componentes em baixas concentrações (os chamados componentes "menores", mas com benefícios potenciais consideráveis).

O leite humano e o colostro podem conter até 12-13 e 22-24 g/l de oligossacáridos, respetivamente, muitos dos quais não são digeridos no intestino delgado, ao passo que o colostro bovino contém apenas ~1 g/l e encontram-se quantidades vestigiais no leite maduro (Urashima *et al.*, 2009). O destino destes oligossacáridos é, sem dúvida, a fermentação no cólon, como prebióticos para ajudar a estabelecer uma microflora rica em bifidobactérias e outras espécies benéficas. No entanto, é uma fonte natural útil de prebióticos na dieta. A inclusão de fibra alimentar visa a redução do risco de desenvolvimento de doenças cardiovasculares, a diminuição da taxa de absorção de hidratos de carbono do intestino delgado e, consequentemente, a regulação da glicemia pós-prandial e dos níveis de insulina, a fermentação no intestino grosso produzindo ácidos gordos de cadeia curta benéficos (acetato, propionato e butirato) e a promoção de *um* equilíbrio saudável da microflora do cólon (Marlett et al, 2002; Tungland e Meyer, 2002; Brennan, 2005; Delzenne e Cani, 2005; King, 2005; Aleixandre e Miguel, 2008; Slavin, 2008; Anderson et *al.*, 2009; Chawla e Patil, 2010; Gunness e Gidley, 2010; Viuda-Martos et *al.*, 2010).

Potenciais suplementos de fibra alimentar para produtos lácteos:

A crescente consciencialização para as questões de saúde leva a um aumento do consumo de produtos lácteos funcionais que contêm suplementos nutricionais. Os alimentos tradicionais e básicos fortificados com fibra alimentar resultam frequentemente em produtos saudáveis com calorias, colesterol e gordura. A incorporação de fibra alimentar pode também melhorar as propriedades funcionais dos produtos alimentares (Elleuch et *al.*, 2011). Os polímeros de hidratos de carbono vegetais, incluindo oligossacáridos e polissacáridos, que não são digeríveis no intestino delgado humano com fermentação completa ou parcial no intestino grosso, são considerados fibra alimentar. Em 2009, o Codex definiu a fibra alimentar como um meio de polímeros de hidratos de carbono com dez ou mais unidades monoméricas que não são hidrolisados pelas enzimas endógenas no intestino delgado dos seres humanos e pertencem às seguintes categorias: polímeros de hidratos de carbono comestíveis que ocorrem naturalmente nos alimentos tal como consumidos; polímeros de hidratos de carbono que foram obtidos a partir de matérias-primas alimentares por meios fisiológicos, enzimáticos ou químicos e que demonstraram ter um efeito fisiológico benéfico para a saúde, tal como demonstrado por provas científicas geralmente aceites pelas autoridades competentes. Embora as recomendações para a inclusão de fibras alimentares na dieta sejam normalmente dadas por agências governamentais que promovem a saúde (por exemplo, 38 g/dia para os homens e 25 g/dia para as mulheres nas doses de referência dietéticas estabelecidas pelo Institute of Medicine na América do Norte). Assim, as abordagens para aumentar a ingestão alimentar são atractivas tanto para o consumidor como para o processador de alimentos.

Quando os alimentos são fortificados com um nutriente ou fitoquímico, o alimento portador tem de ser um bem percepcionado pelo consumidor (Shahidi, 2004). Alguns produtos lácteos podem ser bons transportadores de fibras nos alimentos. A incorporação de fibras solúveis nos alimentos aquosos irá geralmente aumentar a sua viscosidade. Muitos produtos lácteos são espessados como resultado da fermentação (por exemplo, iogurte, natas azedas, queijo creme, etc.). Alguns são espessados para proporcionar propriedades texturais, como nas bebidas lácteas, pudins, gelados e outras sobremesas lácteas congeladas. Uma vez que os produtos lácteos são muito consumidos, isto pode proporcionar aos consumidores um meio fácil e agradável de aumentar a sua ingestão de fibras. Há um maior interesse na fortificação de fibras solúveis nos produtos lácteos em relação às fibras insolúveis, como a celulose ou o farelo.

Para ser aceitável, uma fibra alimentar adicionada a um produto alimentar deve ter um desempenho satisfatório como ingrediente alimentar (Figuerola *et* al., 2005). Do ponto de vista da funcionalidade, a fibra cítrica pode desempenhar vários papéis: (i) pode ser utilizada como uma ferramenta para melhorar a textura, (ii) como um agente de volume em aplicações de açúcar reduzido, (iii) para gerir a humidade na substituição da gordura, (iv) para adicionar cor, e (v) como antioxidante natural (Viuda-Martos et *al.,* 2010; Ramirez-Santiago et *al.,* 2010). As fibras alimentares podem proporcionar uma multiplicidade de propriedades funcionais quando são incorporadas em sistemas alimentares. Assim, a adição de fibras contribui para a modificação e melhoria da textura, das caraterísticas sensoriais e do prazo de validade dos alimentos, devido à sua capacidade de ligação à água, capacidade de gelificação, efeitos miméticos da gordura, antiaderência, antidumping, texturização e espessamento (Dello et *al.,* 2004; Gelroth & Ranhotra, 2001; Thebaudin et *al.,* 1997). A literatura contém muitos relatórios sobre a adição de fibra alimentar a produtos alimentares, tais como produtos de padaria, bebidas, produtos de confeitaria, lacticínios, lacticínios congelados, carne, massas e sopas. No caso das bebidas, a adição de fibra alimentar aumenta a sua viscosidade e estabilidade, sendo a fibra solúvel a mais utilizada por ser mais dispersível em água do que a fibra insolúvel. Alguns exemplos destas fibras solúveis são as provenientes de fracções de cereais e multifrutos (Bollinger, 2001), as pectinas (Rodriguez et *al.,* 2006), os B-glucanos, a celulose da fibra de raiz de beterraba (Nelson, 2001), a polidextrose (Mitchell, 2001, etc.).

Fibras solúveis:

Existem inúmeras fibras solúveis potenciais que podem ser utilizadas para o enriquecimento de fibras. Algumas das gomas para as quais existem relatórios publicados sobre a utilização das suas fibras solúveis em produtos lácteos incluem inulina, goma arábica, pectinas, solúvel de soja, polissacárido, goma de linhaça, P-glucanos de cevada ou aveia e polidextrose. Estas fibras solúveis são adicionadas em concentrações muito baixas (tipicamente 0,1-0,5%). As propriedades reológicas devem ser controladas de modo a aumentar as concentrações destes polissacáridos nos produtos lácteos para enriquecimento em fibra. A inulina foi talvez a mais adicionada como fonte de fibra em produtos lácteos, em parte devido à sua função prebiótica bem conhecida de ajudar a estabilidade/crescimento de bifidobactérias probióticas no cólon, quando consumida com o prebiótico (Granato *et al.*, 2010). A inulina tem sido adicionada a gelados, iogurtes, queijo fresco, bebidas e sobremesas lácteas (Villegas e Costell, 2007). A inulina introduz numerosas melhorias nos produtos lácteos. Melhora o corpo e a sensação na boca em análogos de queijo ou gelados, e reduz a sinérese no iogurte e noutros produtos lácteos fermentados (Blecker et al., 2001).

A goma de guar é considerada uma fibra alimentar solúvel devido à sua solubilidade em água. É obtida a partir da endospermação da semente da planta do guar. A goma de guar é composta por uma cadeia linear de unidades P-D-manopiranosil ligadas (l-4) com resíduos de a-D-galactopiranosil ligados (l-6) como cadeias laterais, pelo que o polissacárido de guar é conhecido como galactomanano. Este galactomanano, quando consumido na dieta, permanece não digerido no trato intestinal humano, o que o torna uma fibra alimentar funcional. As gomas podem desempenhar funções benéficas na fisiologia humana, como a redução da resposta glicémica e do colesterol plasmático (Barak & Mudgil, 2014). Nas últimas décadas, há um interesse crescente na fortificação de produtos alimentares com fibra alimentar solúvel para satisfazer as necessidades diárias de ingestão de fibra. A goma guar é um dos polissacáridos mais extensivamente investigados; o seu comportamento reológico permite-lhe contribuir para boas qualidades sensoriais, incluindo a sensação na boca e a libertação de sabor no gelado. (Bhandari 2001) A funcionalidade dos hidrocolóides no gelado está relacionada com a crioprotecção - impedimento dos fenómenos de recristalização, aumento da viscosidade das misturas de gelado, melhoria da textura e da sensação na boca, bem como retenção da forma (Marshall et *al.*, 2003). Jagdish et *al.*, 2014 utilizaram a goma de guar em gelados em concentrações variáveis. Os resultados mostraram que a viscosidade aumenta à medida que a concentração de goma guar aumenta. Quando a taxa de cisalhamento foi aumentada, a viscosidade das soluções de goma guar diminuiu. A goma de guar parcialmente hidrolisada é considerada uma fibra alimentar solúvel em água sem sabor, inodora e de baixa viscosidade (Yoon et *al.*, 2008). O iogurte é um produto lácteo fermentado amplamente consumido pelo seu valor nutricional e de saúde. A goma de acácia, um polissacárido complexo, não é degradada mas é fermentada no cólon (Phillips, 1998). As propriedades prebióticas da fibra de acácia estimulam a flora intestinal e foi observada uma sinergia para a bifidogenicidade com outros prebióticos. Também fermenta lentamente e pode atenuar os efeitos secundários da fermentação. Um estudo de Choi *et* al., 2011) elevou o efeito aditivo do leite fermentado probiótico contendo fibra dietética em pacientes com SII-C. Fagan et *al.*, 2006), referiu que este estudo tinha como objetivo determinar os efeitos da inclusão de fibra alimentar solúvel na cinética de coagulação do leite. Três ingredientes de fibra, goma acácia, inulina ou pectina, foram adicionados ao leite antes da adição de coalho. A coagulação do leite foi monitorizada utilizando um reómetro de tensão controlada, um sensor de transmissão NIR e um sensor de fio quente. Os tempos de gelificação e as taxas de coagulação foram determinados a partir das caraterísticas de resposta do sensor. A microestrutura do gel foi examinada utilizando microscopia laser de varrimento confocal. A goma acácia (1-3% (w/w)) diminuiu significativamente os tempos de gel e os tempos de firmeza do coágulo e estes géis tinham redes de caseína mais abertas do que os géis de controlo. Foi necessária uma adição de 2% (w/w) de inulina para diminuir o tempo de gel e o tempo de firmeza do coágulo e não foi observada qualquer diferença discernível entre os géis enriquecidos com inulina e os géis de controlo. A pectina (0,2-0,4% (w/w)) reduziu significativamente os tempos de gel. Acima de 0,2% (w/w), a adição de pectina aumentou o tempo de firmeza do coágulo e resultou no desenvolvimento de uma rede limitada de caseína.

Fibras insolúveis:

As fibras insolúveis teriam de ser pulverizadas até atingirem uma granulometria suficientemente fina para que a sensação de giz ou de areia na boca não fosse evidente (Fernandez-Garcia e McGregor, 1997). Outro exemplo seriam os amidos resistentes que resistem à degradação e à absorção no intestino delgado, quer devido à sua conformação nativa, quer devido a uma extensa ligação cruzada através de retrogradação ou modificação química. Este último está a ser fabricado a partir de amido com elevado teor de amilose e está disponível como fonte de fibra insolúvel, com potencial prebiótico e redução do risco de cancro do cólon (Ares et al., 2009).

Também os subprodutos da maçã, da banana e do maracujá são de grande importância, principalmente devido ao seu teor em fibras alimentares, pectina e fruto-oligossacáridos. Estes prebióticos são, de facto, capazes de estimular seletivamente o crescimento e a atividade da microflora intestinal, em particular os lactobacilos e as bifidobactérias (Davis e Milner, 2009). Foi referido que 46 g de fibra insolúvel e 14 g de fibra solúvel em 100 g de subproduto seco de maçã (Chen et *al.*, 1988), enquanto a pectina e o fruto-oligossacárido representam 8-12 e 4,9% da fibra alimentar total, respetivamente (Nawirska e Kwasniewska, 2005). Por outro lado, por 100 g de matéria seca, o subproduto da banana contém cerca de 43-49 g de fibra alimentar total, 1 g de inulina, 6 g de fruto-oligossacárido e 10-20 g de pectina (Emaga et al., 2008; Mohapatra et *al.*, 2010). A ingestão de fibras e probióticos na dieta exerce um impacto positivo no desenvolvimento da microflora intestinal e, segundo consta, alivia doenças como a obstipação e reduz o risco de cancro do cólon (Famworth, 2008). Além disso, estudos epidemiológicos relacionam a incidência de doenças induzidas pela civilização com a ingestão insuficiente de fibras alimentares provenientes de frutas e legumes (Nawirska e Kwasniewska, 2005). Por último, foram registados os efeitos benéficos dos fitoquímicos de origem vegetal na viabilidade dos probióticos (Kourkoutas *et al.*, 2006; Sendra et al., 2008). Isto levará, em última análise, à disponibilidade de nutracêuticos baratos e altamente valorizados do sector dos lacticínios e também se tornará capaz de aumentar a ingestão diária de fibra dietética e melhorar a viabilidade das bactérias do iogurte (Staffolo et *al.*, 2004).A fibra dietética insolúvel de cinco fontes diferentes (soja, arroz, aveia, com e beterraba sacarina) foi utilizada para fortificar iogurte simples adoçado. De um modo geral, a adição de fibra levou a uma menor pontuação global de sabor e textura. Todos os iogurtes fortificados com fibra apresentavam um sabor granuloso e uma textura granulosa intensa, exceto os produzidos com fibra de aveia. A evolução dos ácidos orgânicos durante a fermentação e o armazenamento a frio dos iogurtes de controlo e dos iogurtes fortificados com fibra de aveia II mostrou um padrão semelhante; apenas os ácidos acético e propiónico foram encontrados em quantidades significativamente mais elevadas no produto fortificado com fibra.

Soukoulis et *al.*, (2009), relataram que foram investigados os efeitos de quatro fontes de fibra alimentar (aveia, trigo, maçã e inulina) nas propriedades reológicas e térmicas de soluções modelo de polissacarídeos de sacarose e misturas de sorvete. O conteúdo de fibra em compostos insolúveis aumentou significativamente a viscosidade e o comportamento de diluição por cisalhamento das soluções modelo e dos gelados, devido ao aumento dos sólidos totais e à formação de redes compostas por celulose hidratada e hemicelulose. O aumento de material solúvel não alterou significativamente a reologia das amostras, mas limitou a depressão do ponto de congelamento e elevou as temperaturas de transição vítrea, indicando uma potencial ação crioprotectora. A utilização de fibras de aveia e de trigo favoreceu o desenvolvimento da viscosidade devido à ligação à água, ao passo que a inulina provocou um aumento notável da temperatura de transição vítrea (Tg) em soluções-modelo e misturas de gelados, indicando a redução da mobilidade das moléculas de água da fase aquosa a granel para a superfície dos cristais de gelo. A adição de fibra de maçã aumentou consideravelmente a viscosidade e elevou os valores de Tg, particularmente na presença de proteínas. Os resultados sugerem que a utilização potencial de fibras alimentares como controladores dos fenómenos de cristalização e recristalização em produtos lácteos congelados.

Aplicações da fibra em produtos lácteos:

Existem muitas aplicações das fibras alimentares e dos seus potenciais efeitos nos produtos lácteos. As categorias de produtos incluem iogurte, produtos congelados, queijos e bebidas. Cada uma delas será discutida em pormenor mais adiante.

Iogurte:

Os cientistas alimentares têm tentado melhorar as propriedades nutricionais do iogurte através da incorporação de proteínas, fibras e fontes de fibras no iogurte e avaliar as caraterísticas funcionais e sensoriais do iogurte (Domagalla *et al.*, 2006; Ghasempour *et al.*, 2012; Kaur *et al.*, 2009; Yang e Li, 2010). Ramirez-Santiago et *al.*, (2010), fibra solúvel em fios (YSF) extraída de Pachyrhizus erosus foi adicionada (1 g por 100 mL) a um iogurte agitado (SYYSF). As suas propriedades de sinérese e microestrutura foram avaliadas e comparadas com as de um iogurte agitado (SYC) sem adição de YSF. O iogurte SYC exibiu uma rede de agregados de micelas de caseína mais compacta do que a do iogurte SYYSF, que era mais aberta, relaxada e coberta com estruturas fibrosas atribuídas aos componentes YSF. A análise reológica mostrou que o iogurte SYYSF tinha valores mais baixos de módulo de armazenamento (G) e de módulo de perda (GOO) na região viscoelástica linear do que o iogurte SYC, mas o seu comportamento de fluxo foi caracterizado por um índice de fluxo mais baixo (n), um índice de consistência mais elevado (k) e uma tensão de cedência mais elevada (sO) do que o iogurte SYC. A incorporação do YSF reduziu significativamente a sinérese e produziu uma sensação de boca mais aceitável no iogurte SYYSF em comparação com o iogurte SYC, indicando a viabilidade do processo para obter um produto comercial.

Produtos lácteos congelados:

Para o enriquecimento com fibras, os cientistas alimentares também se têm concentrado nas sobremesas lácteas congeladas, tanto no mercado como na área da investigação. Chen et *al.,* (2010) incorporaram 1-4% de polissacárido de soja solúvel em água numa formulação de gelado com baixo teor de gordura e relataram que 2% de SSPS obteve as pontuações mais elevadas na classificação hedónica do consumidor, tendo também sido relatado que proporciona benefícios para a saúde dos seres humanos através da redução do colesterol no sangue, melhorando a tributação e reduzindo o risco de diabetes. Dervisoglu e Yazici (2006) estudaram a incorporação de fibra cítrica em gelados com diferentes níveis de estabilizante. Concluíram que a fibra cítrica, juntamente com o estabilizador, melhorou várias propriedades físicas e sensoriais, incluindo a viscosidade e a superação. Assim, poderia ser utilizada como fonte de fibra. Karaca *et al.,* 2009) utilizaram inulina nativa num gelado do tipo Maras (da Turquia) contendo 8, 4, 2 ou 1% de gordura láctea, 9% de sólidos lácteos sem gordura, 22% de açúcar, 0,5% de salep, 0,2% de gelatina e 0,3% de guar. Eles relataram que a inulina aumentou a viscosidade e a pseudoplasticidade da mistura e reduziu a taxa de derretimento do sorvete. No entanto, a inulina não conferiu cremosidade aos gelados com baixo teor de gordura e com baixo teor de gordura. Akalm *et al.,* 2008) também incorporaram inulina em misturas de gelados regulares. Verificaram que a inulina aumentou a dureza em comparação com o gelado normal, mas os produtos feitos com inulina derreteram mais rapidamente do que as outras amostras.

Soukoulis et *al.,* 2009) examinaram o enriquecimento de gelados a 6% de gordura láctea com 2 ou 4% de quatro fontes de fibras: Observou-se que a viscosidade e a pseudoplasticidade da mistura foram aumentadas por estas fibras insolúveis, enquanto as fibras solúveis reduziram a depressão do ponto de congelação e aumentaram a temperatura de transição vítrea da mistura, indicando uma potencial ação crioprotectora. Assim, indicando que a escolha adequada para a mistura de fontes de fibra pode otimizar a funcionalidade nutricional e técnica.

Queijos

A incorporação de fibra solúvel no queijo é quase difícil, uma vez que a maior parte é lixiviada com o soro de leite, mas ainda existem alguns relatórios sobre a incorporação de fibra no queijo. Tudorica et *al.*, 2004 incorporaram 0-glucano de cevada. Verificaram que o tempo de coagulação do leite diminui, o rendimento da coalhada aumenta e as propriedades viscoelásticas da coalhada diminuem na presença de uma fonte de fibra crescente. Revelaram que a adição de β-glucano teve efeitos positivos nos sistemas com baixo teor de gordura, proporcionando assim uma oportunidade para utilizar o β-glucano como mimetizador de gordura no leite destinado ao fabrico de queijo. Goff et *al.*, 2008 estudaram as propriedades sensoriais e reológicas de bebidas lácteas fortificadas com duas variedades de goma de linhaça como fonte de fibra solúvel. O aumento das concentrações de goma, independentemente do tipo, levou a um aumento da adstringência, viscosidade, revestimento da boca e presença de partículas, e a uma diminuição da doçura, do aroma e sabor a nozes e do sabor a baunilha.

Bebidas

Os produtos lácteos com baixo teor de gordura, nos quais a fonte de fibra proporciona uma maior cremosidade, assemelhando-se a leites integrais ou a bebidas lácteas do tipo batido, engrossados por uma elevada concentração de fibra solúvel, podem ser uma categoria de produtos apelativa para os consumidores e, por conseguinte, um produto-alvo para o desenvolvimento por parte dos transformadores. Há vários produtos existentes no mercado e vários relatórios na literatura sobre o uso de gomas específicas em tais produtos. Villegas e Costell (2007) incorporaram três tipos de inulina (em bebidas lácteas reconstituídas integrais ou com 2% de gordura) com carragenina e sem carragenina e estudaram as suas propriedades reológicas. O comportamento de fluxo das bebidas sem carragenina kappa permaneceu newtoniano, exceto para os oligómeros de cadeia longa que eram pseudoplásticos. Oliveira et *al.*, 2009 examinaram o efeito da inulina (1, 2 ou 4%) como prebiótico na produção de leite fermentado enriquecido com fibras probióticas. A taxa de acidificação durante a cultura probiótica aumentou e o tempo de fermentação foi reduzido como resultado da adição de inulina, indicando que a inulina estimulou o crescimento da cultura probiótica durante a fermentação. A adição de inulina também aumentou a firmeza do produto.

Resumo

A fibra alimentar na dieta resistente à digestão enzimática inclui celulose, hemicelulose, substâncias pécticas, gomas, mucilagens e lignina, etc. O leite com fibra alimentar incorporada aumenta o efeito positivo na saúde e aumenta o seu potencial de caraterísticas prebióticas. Durante o processamento, o leite com fibra produz um efeito positivo na composição do leite. A incorporação de fibras pode alterar a consistência, a textura, o comportamento reológico e os atributos sensoriais do leite e dos produtos lácteos. A adição de fibras em produtos lácteos como o iogurte, produtos fermentados, etc., tem sido registada com resultados favoráveis.

Referências

Akalm a S , Karagozlu C e Unai G. 2008. Propriedades reológicas de gelados com baixo teor de gordura e com baixo teor de gordura contendo isolado proteico de soro de leite e inulina. *European Food Research Technology*. 227,889-95

Aleixandre A e Miguel M .2008. A dieta alimentar na prevenção e tratamento da síndrome metabólica: A review. *Critical Review on Food Science and Nutrition*. **48,**905-12.

Anderson J W, Baird P , Davis R H , Ferreri S , Knudtson M . 2009. Health benefi ts of dietary fiber (Benefícios da fibra alimentar para a saúde). *Nutrition Review*. **67,** 188-205.

Ares.G , Baixauli r , Sanz .T , Varela.P e Salvador A. 2009. New functional fibre in milk puddings: Effect on sensory properties and consumers' acceptability", *LWTFood Science Technology*. **42,**710-16.

Barak, S., & Mudgil, D.2014. Goma de alfarroba: processamento, propriedades e aplicações alimentares - uma revisão. *Jornal Internacional de Macromoléculas Biológicas,* 66, 74-80.

Bhandari, V. 2001. Ice Cream Manufacture and Technology. *Tata McGraw Hill Pub. Co. Ltd.* New Delhi.

Blecker, C. -Chevalier, J. P. -Van Herck, J. C. -Fougnies, C. -Deroane, C. -Paquot, M.: Inulin: Its physiochemical properties and technological functionality. Desenvolvimento recente da investigação em química agrícola e alimentar, 5, 2001, pp. 125-131.

Bollinger, H.: Bebidas funcionais com fibra alimentar. Fruit Process, 12, 20001, pp. 252-254.

Brennan *M* S (2005), "Dietary fi bre, glycaemic response, and diabetes", *Mol Nutr Food Res* , **49** , 560-70.

Chawla R e Patil G R (2010), "Soluble dietary fi ber", *Comp Rev Food Sci, Food Safety* , *9* , 178-96.

Chen W , Duizer L , Corredig M e Goff H D (2010), "Addition of soluble soybean polysaccharides to dairy products as a source of dietary fi her", *J Food Sci* , 75 , C478- C484.

Chen, H., Rubenthaler, G.L., Leung, H.K., Baranowski, J.D., 1988. Propriedades químicas, físicas e de cozedura da fibra de maçã em comparação com o cereal de farelo de trigo e aveia. Cereal Chemistry 65, 244-247.

Choi SC, Kim BJ, Rhee PL, Chang DK, Son HJ, Kim JJ, Rhee JC, Kim SI, Han YS, Sim KH. 2011. Probiotic Fermented Milk Containing Dietary Fiber Has Additive Effects in IBS with Constipation Compared to Plain Probiotic Fermented Milk. Gut Liver. 5:22-28 Davis, C.D., Milner, J.A., 2009. Microflora gastrointestinal, componentes alimentares e prevenção do cancro do cólon. The Journal of Nutritional Biochemistry 20, 743-752.

Dello Staffolo, M. -Bertoia, N. -Martino, M. -Bevilaqcua, A. 2004. Influência da adição de fibra dietética nas propriedades sensoriais e reológicas do iogurte. International Dairy Journal, 14, 2004, 263-268.

Delzenne N M e Cani P D. 2005. A place for dietary fi bre in the management of the metabolic syndrome", *Curr Opin Clin Nutr Met Care ,* **8,**636-40.

Dervisoglu M e Yazici F. 2006. The effect of citrus fi bre on the physical, chemical and sensory properties of ice cream", *Food Science and Technology International.* 12 , 15964.

Domagalla, J.,Sady,M., Grega,T.,& Bonczar,G. 2006. Propriedades reológicas e textura de iogurtes quando a dextrina de aveia-malte é usada como substituto de gordura. *Revista Internacional de Propriedades Alimentares.* 9(1), 1-11.

Elleuch, M.,Bedigian,D.,Roiseux,O.,Besbes,S.,Blecker,C.,& Attia,H. 2011. Fibra dietética e subprodutos ricos em fibras do processamento de alimentos: caraterização, funcionalidade tecnológica e aplicações comerciais: uma revisão. *Food Chemistry.* 124(2), 411-421.

Emaga, T.H., Robert, C., Ronkart, S.N., Wathelet, B., Paquot, M., 2008. Componentes da fibra alimentar e caraterísticas químicas da pectina das cascas durante o amadurecimento em variedades de banana e plátano. Bioresource Technology 99, 4346^-354.

Fagan, C.C. -O'Donnell, C.P. -Cullen, P.J. -Brennan, C. S. 2006. O efeito da inclusão de fibra dietética na cinética de coagulação do leite. *Journal of Food Engineering.* 77, 261-268.

Famworth, E.R., 2008. As provas para apoiar as alegações de saúde para os probióticos. *Jornal de Nutrição* 138,1250-1254.

Fernandez- Garcia E e McGregor J U (1997), "Fortification of sweetened plain yogurt with insoluble dietary fi ber", *Z Lebensm Unters Forsch A .* **204,**433-7.

Figuerola, F. -Hurtado, M. L. -Estevez, A. M. -Chiffelle, I. -Asenjo, F. 2005. Concentrados de fibra de bagaço de maçã e casca de citrinos como potenciais fontes de fibra para enriquecimento alimentar. *Food Chemistry.* 91. 395-401.

Gelroth, J. -Ranhotra, G. S.: Utilizações alimentares da fibra. InS. Sungsoo Cho & M.S. Dreher. 2001. Hand book of dietary fiber. New York: Taylor and Francis.

Ghasempour,Z, Alizadeh,M.,& Bari,M.R. 2012. Otimização da produção de iogurte probiótico contendo Zedogum. *Jornal Internacional de Tecnologia de Laticínios.* 65(1), 18-125.

Gobbetti, M. Minervini, F e Rizzello C.G. 2007 . Peptídeos bioativos em produtos lácteos. In: Handbook of Food Products Manufacturing Y.H. Hui (ed). John Wiley & Sons, Inc., Hoboken, NJ , pp. 489 - 517 .

Goff H D , Mueller A E , Capel F , Findlay C J e Cui W S (2008), "Sensory and rheological properties of a flaxseed gum-fortified dairy beverage", in WILLIAMS P A e Phillips G O *G GUMS and*

Stabilisers for the Food Industry 14, London, Royal Society of Chemistry, 203-8.

Granato. D, Branco . F, Gomes Cruz.A , Fonseca Faria. J e Shah N.P. 2010. Probiotic dairy products as functional foods", *Compherensive Review on Food Science and Food Safety*, *9*,455-70.

Gunness P e Gidley M J . 2010). Mechanisms underlying the cholesterol- lowering properties of soluble dietary fi bre polysaccharides", *Food Functional.* **1**,149-55.

Karaca O B , Guven M , Yasar k , Kaya S e Kahyaoglu T. 2009. The functional, rheological and sensory characteristics of ice creams with various fat replacers", *Internaional Journal of Dairy Technology.* 62,93-9.

Kaur, H.,Mishra,H.N.,& Kumar,P.2009. Propriedades texturais do iogurte probiótico fortificado com soja e manga: otimização do nível de inóculos de iogurte e cultura probiótica. *International Journal of Food Science and Technology.* 44(2), 415-424.

King d E (2005), "Dietary fiber, inflammation, and cardiovascular disease. *Molecular Nutrition of Food Research.* 49,594-600.

Korhonen, H e Pihlanto - Leppala A. 2004 . Péptidos bioactivos derivados do leite: Formação e perspectivas para a promoção da saúde . In: Handbook of Functional Dairy Products (Manual de Produtos Lácteos Funcionais), C. Shortt e J. O' Brien (eds). CRC Press , Boca Raton, FL , pp. 109 - 124 .

Kourkoutas, Y., Bosnea, L., Taboukos, S., Baras, C., Lambrou,D., Kanellaki,M., 2006. Produção de queijo probiótico utilizando células de Lactobacillus casei imobilizadas em pedaços de fruta. Journal of Dairy Science 89, 1439-1451.

Marlett J A, McBurney MI e Slavin J L. 2002. Posição da Associação Dietética Americana: Health implications of dietary fiber (Implicações da fibra alimentar para a saúde). *Journal of American Dietetic Association.* **102** , 993-1000.

Marshell, R. T., Goff, H. D. e Hartel, R. W. 2003. Ice Cream. 6ª ed., Kluwer Academic/ Plenum Publishers. Kluwer Academic/ Plenum Publishers. Nova Iorque. p. 34-36, 80-84.

Mitchell, H. L.: Bebidas enriquecidas com fibras e Litesse Registered. Soft Drinks International 2001, pp. 25-27.

Mohapatra, D., Mishra, S., Sutar, N., 2010. Banana e utilização dos seus subprodutos: uma visão geral. *Journal of Scientific and Industrial Research.* 69, 323-329.

Nawirska, A., Kwasniewska, M., 2005. Frações de fibra alimentar de resíduos de processamento de frutas e vegetais. Food Chemistry 91, 221-225.

Nelson, A. L. 2001. Ingredientes ricos em fibras: Eagan press handbook series. St Paul, MN: Eagan Press.

Oliveira R P S. Perego P , Converti A e Oliveira M N. 2009. The effect of inulin as a prebiotic on the production of probiotic fi bre- enriched fermented milk", *International Journal of Dairy Technology*. 62,195-203.

Phillips GO. 1998. Goma arábica: uma fibra nutricional; metabolismo e valor calórico. *FoodAddititive Contamination*. 15:251-264.

Ramirez-Santiago C , Ramos-Solis L , Lobato-Calleros C , Pena-Valdivia C , Vemoncarter e J e Alvarez-Ramirez J. 2010. Enriquecimento de iogurte agitado com fibra alimentar solúvel de *Pachyrhizus erosus* L. Urban: efeito na sinérese, microestrutura e propriedades reológicas. *Journal of Food Engineering*. 101,229-35.

Ramirez-Santiago C. -Ramos-Solis, L. -Lobato-Calleros, C. -Pena-Valdivia, C. -Vernon-Carter, E. J. -Alvarez-Ramirez, J. 2010.Enriquecimento de iogurte agitado com fibra alimentar solúvel de Pachyrhizus erosus L. Urban: Efeito na sinérese, microestrutura e propriedades reológicas. *Jornal de Engenharia Alimentar*. 101:229-235.

Rodriguez, R. A. J. -Fernandez-Bolanos J. -Guillen R. -Heredia A.2006. Fibra dietética de produtos vegetais como fonte de ingredientes funcionais. *Tendências em Ciências e Tecnologia Alimentar*. 17:3-15.

Sangle Jagdish. K , Sawate Arvind R. Shirale Deepak .0 e Rodge AB. 2014. Efeito da goma de guar na viscosidade do gelado *Asian Journal of Dairy & Food Research*. 33 (4) : 259262..

Schanbacher, F L., Talhouk, R.S., Murray , F.A.,Gherman , L.Ie Willet, L.B. 1998 . Leite - péptidos bioactivos bons. *International Dairy Journal*. 8: 393 - 403 .

Sendra, E., Fayos, P., Lario, Y., Fernandez-Lopez, J., Sayas-Barbera, E., Perez-Alvarez, J.A., 2008. Incorporação de fibras de citrinos em leite fermentado contendo bactérias probióticas. *Microbiologia alimentar*. 25, 13-21.

Shahidi. F. 2004. Alimentos funcionais: o seu papel na promoção da saúde e na prevenção de doenças. *Journal of Food Science*. **69,** 146-9.

Slavin J L. 2008. Posição da Associação Dietética Americana: Health implications of dietary fiber (Implicações da fibra alimentar para a saúde). *Journal of American Dietetic Association*. 108,1716-31.

Soukoulis, C. -Lebesi, D. -Tzia, C. 2009. Enriquecimento de gelado com fibra alimentar: Efeitos nas propriedades reológicas, cristalização do gelo e fenómenos de transição vítrea. *Food Chemistry,* 115, 665-671.

Staffolo, M.D., Bertoia, N., Martino, M., Bevilacqua, A. 2004. Influência da adição de fibra alimentar nas propriedades sensoriais e reológicas do iogurte. *International Dairy Journal* 14, 263268.

Thebaudin, J. e Lefebvre, AC. 1997. Fibra alimentar: Interesse natural e tecnológico. *Tendências em Ciência e Tecnologia Alimentar*. 8. 41-48.

Tudorica C M , Jones TER, Kuri V e Brennan C S . 2004. The effects of refined barley 0 - glucan on the physico- structural properties of low- fat dairy products: curd yield, microstructure, texture and rheology. *Journal of Science Food and Agriculture.* 84 , 1159-69.

Tungland B C e Meyer D. 2002.Nondigestible oligo and polysaccharides (dietary fi ber): A sua fisiologia e papel na saúde humana e na alimentação. *Comprehensive Review on Food Science and Food Safety.* 1,90-109.

Urashima T , Kitaoka M , Asakuma S e Messer M. 2009. Milk oligosaccharides- In McSweeney P L H and Fox P F , *Advanced Dairy Chemistry Vol. 3 Lactose, water, salts and minor constituents* , 3rd ed., New York, Springer, 295-349.

Villegas B e Costell E. 2007. Flow behaviour of inulin- milk beverages. Influência do comprimento médio da cadeia de inulina e do teor de gordura do leite", *International Dairy Journal.* **17**,776-81.

Viuda Martos M , Lopez- Marcos M C , Fernandez- Lopez J , Sendra E , Lopez- Vargas J H e Perez-Alvarez J A. 2010. Role of Fiber in Cardiovascular Diseases: A Review. *Comprehensive Review on Food Science and Food Safety.* **9**,240-58.

Yang,M.,& Li L. 2010. Caraterísticas físico-químicas, texturais e sensoriais do iogurte probiótico de soja preparado a partir de soja germinada. *Food Technology Biotechnology.* 48(4), 490-496.

Yoon, S.J.,Chu,D.C & Juneja,L.R. 2008. Propriedades químicas e físicas, segurança e aplicação de goma guar parcialmente hidrolisada como fibra alimentar. *Journal of Clinical Biochemistry and Nutrition.* 42(1), 1-7.

CAPÍTULO 7

FARELO DE CEREAIS COMO FONTE DE FIBRA ALIMENTAR EM APLICAÇÕES ALIMENTARES

Tsering Norzoni, Awsi Jan e S A Sofi

Divisão de Ciência e Tecnologia Alimentar, SKUAST-Jammu Índia

Farelo de trigo

O farelo de trigo (WB) desempenha um papel importante no consumo humano devido ao facto de ser uma fonte barata e rica em fibras alimentares. No cenário atual, o consumo anual para a produção de farelo de trigo é de aproximadamente 90 milhões de toneladas (Oluwatoyin *et al.*, 2015). O consumo de farelo de trigo tem aumentado ao longo dos anos devido à sua riqueza em vitaminas, minerais e vários compostos bioactivos, como ácidos fenólicos, arabinoxilanos, alquilresorcinol e fitoesteróis (Rei- singer *et al.*, 2013). Globalmente, o número de produtos alimentares incorporados com BM aumentou de 52 em 2001 para aproximadamente 800 em 2011 (Preuckler *et al.*, 2014). Assim, o farelo de trigo incorporado com outras frutas e cereais para a preparação de vários produtos de valor agregado como biscoito, cobras, bebidas, pão etc. Por conseguinte, a composição nutricional do WB, o efeito da inclusão do WB na qualidade e nas propriedades sensoriais dos alimentos à base de cereais e a possível aplicação do WB em snacks de cereais fritos como um potencial ingrediente funcional que pode servir como uma camada de barreira que pode reduzir a migração de óleo para os alimentos durante a fritura.

Potencial de aplicação na indústria alimentar

Aumento do volume e utilização como emulsionante

A utilização de farelo de trigo modificado pode acrescentar várias propriedades ao produto alimentar final. As caraterísticas pretendidas para os produtos deste estudo foram a redução da densidade calórica, a estabilização dos colóides alimentares e uma fonte de fibra alimentar insolúvel. A prevenção da separação de fases seria necessária especialmente em produtos líquidos e semi-líquidos, tais como bebidas, compotas, geleias e iogurtes. A densidade calórica pode ser reduzida quando as partículas são utilizadas para aumentar o volume ou quando são utilizadas para substituir a gordura em produtos líquidos ou semi-sólidos. As partículas ultrafinas podem ser utilizadas como estabilizadores para produzir emulsões, espumas ou géis contra a separação de fases. (Agrobio, 2010).

Cozinhar

Como aditivo na massa, o farelo de trigo é conhecido por reduzir a qualidade do pão, resultando num volume específico mais baixo e numa textura mais densa do miolo (Noort *et al.*,

2010). Os efeitos negativos foram notórios quando a quantidade de farelo de trigo adicionado foi de 10-20 %. Isto deu mais de 6 % de fibra total no pão (Katina, 2003). O farelo de trigo adicionado também provoca alterações no sabor e na cor e reduz o prazo de validade (Pomeranz et *al.*, 1977). Um dos efeitos mais significativos da adição de farelo de trigo é a rutura da rede de glúten. A fibra impede a agregação das proteínas do glúten, o que resulta num menor crescimento da massa (Noort et *al.*, 2010, Don et *al.*, 2003). Para além disso, o estudo de Hartikainen (2011) mostrou que a adição de farelo de trigo à massa tinha um impacto negativo nas propriedades reológicas da massa, na colagem do amido e na qualidade do pão. No entanto, Katina et al., (2007) e *Lappi et al.*, (2010) mostraram que o tratamento enzimático combinado com a fermentação da massa fermentada pode melhorar a qualidade de cozedura do farelo de trigo.

Por outro lado, o farelo de trigo moído com partículas de tamanho reduzido pode aumentar a firmeza e a sensação na boca do produto alimentar. Por exemplo, os pães que continham farelo de trigo mais fino tinham um volume específico de pão mais baixo e um miolo mais escuro do que os pães que continham partículas maiores de farelo de trigo. Os pães tinham também um aspeto mais suave da côdea e uma sensação de boca menos arenosa. De acordo com Zhang e Moore (1999), os melhores resultados foram obtidos quando se utilizou farelo de trigo moído com um tamanho de partícula de 415 pm. Quando o tamanho das partículas era mais pequeno, o volume da massa e a persistência da mistura diminuíam. Além disso, os estudos de Damen et *al.*, (2012) mostraram que a qualidade do pão também pode ser melhorada através da adição de farelo de trigo e xilanase à massa. Tanto a viscosidade como o volume da massa aumentaram quando se aumentou a dosagem da enzima xilanase. Isto foi causado principalmente pela libertação de xilo-oligossacáridos. No entanto, a adição adicional de fracções ricas em fibras alimentares diminuiu o volume dos pães.

O Efeito das Fibras na Qualidade do Pão

Os componentes fibrosos do farelo de trigo, os arabionxilanos, podem ser utilizados em formulações alimentares como agentes gelificantes, criostabilizadores e como fonte de prebióticos (Stone e Morell, 2009). Um estudo de Courtin e Delcour (2002) mostrou que os arabinoxilanos abrandavam o endurecimento das partes interiores do pão. Os arabinoxilanos solúveis em água aumentam a viscosidade da massa. Durante o fabrico do pão, verifica-se uma alteração contínua da massa molecular dos arabinoxilanos devido à ação das xilanases endógenas na farinha de trigo. Uma parte das arabinoxilanas não extraíveis com água tornou-se extraível, mas só se verificou uma solubilização significativa quando foi adicionada uma maior quantidade de xilanase. Os arabinoxilanos também podem afetar o volume do pão, bem como as caraterísticas do miolo e da côdea do pão Stone e Morell (2009). A proporção de arabinoxilanos insolúveis em água no farelo de trigo tem um impacto negativo no volume do pão (Biliaderis *et al.*, 1995, Courtin e Delcour, 2002).

Além disso, os arabinoxilanos insolúveis melhoram a vida útil do pão mais do que os arabinoxilanos solúveis devido a um endurecimento mais lento das partes internas do pão. Ao mesmo tempo, a quantidade de arabinoxilanos insolúveis teve um efeito negativo no volume do pão (Courtin e Delcour, 2002). Ao tratar o farelo de trigo com xilanases com um baixo teor de água, o grau mais elevado de solubilização de arabinoxilanos do farelo de trigo pode ser alcançado com um teor de água de 40 % (Santala et *al.*, 2011).

Bebidas

O farelo de trigo pode ser utilizado como aditivo em bebidas para aumentar a quantidade de fibra alimentar. O estudo de Lyly et al. (2009) mostrou que uma bebida enriquecida com farelo de trigo aumentou a saciedade e a sensação de plenitude. A quantidade de farelo de trigo nas bebidas testadas era de 5,5 %. Além disso, dois outros estudos sugeriram que o efeito saciante era causado pelas fibras insolúveis do farelo de trigo (Delargy et *al.*, 1995, Samra e Anderson, 2007).

Outros domínios de aplicação potenciais

As fracções modificadas de farelo de trigo, tais como polímeros e fibras, podem ser utilizadas em aplicações de papel e bioplásticos como carga para melhorar a qualidade do produto. Na indústria do papel, as partículas podem ser utilizadas para diminuir o peso do papel. Como aditivos funcionais para papel, as partículas de carga podem ser utilizadas para melhorar a retenção, ou seja, a forma como os materiais de carga estão ligados à rede de celulose, aumentando assim a resistência do papel (Agrobio, 2010)

Em aplicações de papel, as cargas podem ser utilizadas como material de embalagem comestível ou para produtos ecológicos. Estudos anteriores mostraram que o farelo de trigo pode ser modificado em várias operações para material de embalagem comestível utilizado como embalagem interior ou exterior. O material de embalagem comestível pode ser utilizado, por exemplo, como papel de embalagem para hambúrgueres e sandes (Wang et *al.*, 2011). Em aplicações de papel e bioplástico, as partículas de farelo de trigo modificado podem ser usadas para melhorar a reciclabilidade através da queima e decomposição.

Farelo de aveia

A aveia foi reconhecida como um cereal saudável e nutritivo que contém uma elevada concentração de fibras solúveis e nutrientes densos. Para além de ser um cereal nutricionalmente rico, tem benefícios fisiológicos como o efeito positivo na redução da hiperglicemia, hiperinsulinemia, hipercolesterolemia e vários outros benefícios (Wani *et al.*, 2014). A aveia é também uma boa fonte de antioxidantes, ácido fítico e vários compostos fenólicos, que se concentram na camada exterior do grão (Peterson et *al.,* 2001). O componente bioativo da aveia é o polissacárido de fibra solúvel b-glucano que se encontra principalmente na parede celular da camada de aleurona e do endosperma. O b-glucano aumenta a viscosidade da solução e fermenta rapidamente no intestino delgado, pode atrasar o esvaziamento gástrico e aumenta o tempo de trânsito gastrointestinal e a viscosidade luminal. Estas propriedades estão associadas a uma absorção lenta dos nutrientes e à redução dos níveis de glucose e insulina no sangue (Wood et *al.,* 2010). Atualmente, o farelo de aveia substituiu a farinha de trigo (normalmente utilizada em bolachas cozidas) como fonte de fibra.

Farinha de farelo de aveia

Os cereais, particularmente a aveia e a cevada, oferecem benefícios nutricionais significativos para aplicações alimentares funcionais. Há muito que a aveia é reconhecida como um alimento e ingrediente nutritivo com benefícios para a saúde derivados das suas elevadas concentrações de proteínas bem equilibradas e fibra solúvel, energia sob a forma de hidratos de carbono e óleos, e várias vitaminas e minerais (Fitzsimmons et al., 2012). A aveia é também uma boa fonte de antioxidantes, ácido fítico e vários compostos fenólicos, que estão concentrados na camada exterior do grão (Peterson et *al.,* 2001), (Izydorczyk et *al.,* 2014) O componente bioativo da aveia é a fibra solúvel b-glucano, um polissacárido que se encontra principalmente na parede celular da camada de aleurona e no endosperma. O b-glucano aumenta a viscosidade da solução e fermenta rapidamente no intestino delgado, pode atrasar o esvaziamento gástrico e aumenta o tempo de trânsito gastrointestinal e a viscosidade luminal. Estas propriedades estão associadas a uma absorção lenta dos nutrientes e à redução dos níveis de glucose e insulina no sangue (Wood et *al.,* 2010).

Farelo de arroz

O farelo de arroz é um dos subprodutos do processo de moagem do arroz em casca na produção de arroz branco polido (Parrado et *al.,* 2006). O farelo de arroz, com os seus principais componentes: proteínas, hidratos de carbono, gorduras, fibras e cinzas, é também rico em nutrientes com diferentes tipos de vitaminas, minerais e antioxidantes (Abdul Hamid *et al.,* 2007; Parrado *et al.,* 2006). Antigamente, o farelo de arroz era utilizado como alimento para animais e, atualmente, é utilizado para a extração de óleo. O óleo de farelo de arroz, extraído do farelo de arroz, contém ácidos gordos insaturados, representando 38-42% de ácido oleico e 32-35% de ácido linoleico. O ácido linoleico é amplamente reconhecido como um ácido gordo essencial e diminui o colesterol no sangue, previne a aterosclerose e outros efeitos na saúde, pelo que o óleo de farelo de arroz é um tipo de óleo vegetal comestível ideal (Wang, 2006; Marlene et *al.,* 2005). A elevada eficiência e a maximização dos componentes do óleo extraído do farelo de arroz tornaram-se pontos de investigação na indústria petrolífera (Liu, 2002; Ghosh, 2007; Xing et *al.*, 2011). Os métodos de preparação do óleo de farelo de arroz incluem principalmente o método de prensagem mecânica, a extração por solventes, a extração enzimática e o método de extração por CO2 supercrítico (Wang et *al.*, 2008; Zhang et *al.*, 2011, 2009a; Guo et *al.*, 2008; Song et *al.*, 2007).

Farelo de arroz em produtos alimentares

O farelo de arroz tem várias propriedades únicas que o tornam adequado para nichos de mercado como a indústria nutracêutica e farmacêutica. Uma dessas caraterísticas é a presença de níveis significativos de elementos menores, como o orizanol, o tocotrienol e os fitoesteróis, que têm uma grande aplicação nutracêutica. São utilizados no desenvolvimento de produtos saudáveis de valor acrescentado Anónimo (2009). Verificou-se que o gama-orizanol tem uma maior ação antioxidante em comparação com o tocoferol. O gama-orizanol é constituído por ésteres de ácido ferúlico de esteróis e álcoois triterpénicos. Os ésteres do ácido ferúlico são o campesterol, o estigmasterol e o beta-citoesterol e os álcoois triterpénicos são o cicloartenol, o cicloartanol, o metilenocicloartanol e o ciclobranol (Bucci et *al.*, 2002, Piironen, 2000). Devido à sua ação antioxidante, está a suscitar um enorme interesse no mundo da investigação como aditivo alimentar. Foi citado como "inibidor da oxidação" na "lista de aditivos alimentares" (Wells. 1992 e Hu., 1996). O farelo de arroz é altamente nutritivo e, por conseguinte, também é utilizado como aditivo alimentar (Luh e Liu. 1980). A sua principal utilização como aditivo alimentar deve-se às fibras dietéticas presentes no mesmo, que lhe conferem as propriedades de um bom laxante (Sharp et al., 1990). Sekhon et al. (Sekhon, 1997) efectuaram estudos que revelaram que o volume do pão e da massa dos biscoitos diminuiu, mas o volume dos muffins aumentou com a adição de diferentes tipos de farelo. Curiosamente, a adição de farelo de arroz gordo não afectou o fator de espalhamento dos biscoitos. Podem ser produzidos diferentes produtos alimentares que contenham 5-10% de farelo de arroz. Estudos semelhantes foram realizados por Dimitra e Constantina (Lebesi et al., 2009), para examinar o efeito da fibra dietética e do farelo de vários cereais como o trigo, a aveia e o arroz na massa do bolo, no prazo de validade do produto, nos parâmetros de qualidade final do bolo como a viscosidade da massa, o volume específico, a porosidade e o teor de humidade do miolo.

Produtos de valor acrescentado do farelo de arroz

Cera de farelo de arroz

A cera é um éster de um ácido carboxílico de cadeia longa e de um álcool de cadeia longa. Durante a extração do óleo de farelo de arroz (OAR), é obtida uma certa quantidade de cera na fase de desparafinagem do processo de refinação e a quantidade varia em função das condições de extração, como a origem e o historial do farelo de arroz, o solvente utilizado e a temperatura de extração Firestone, 1997]. A cera de farelo de arroz (RBW) pode ser distinguida como cera dura (38,5%) e cera mole (11,2%). As aplicações potenciais da cera de farelo de arroz (RBW) podem ser realizadas nas indústrias farmacêutica, alimentar, cosmética, de polímeros e de couro (Buffa e Ito. 2006).

Óleo de farelo de arroz

O óleo de farelo de arroz é o óleo extraído da camada castanha exterior dura do arroz após a palha (casca de arroz). O óleo de farelo de arroz é único entre os óleos comestíveis devido à sua rica fonte de fitocêuticos importantes do ponto de vista comercial e nutricional, como o orizanol, a lecitina, os tocoferóis e os tocotrienóis. O mecanismo do efeito hipocolesterolémico do óleo de farelo de arroz (RBO) e do 0-orizanol é através da diminuição da absorção de colesterol nos intestinos e do aumento da excreção fecal de colesterol (Seetharamaiah, N. Chandrasekhara. 1989].

Diferentes produtos alimentares de valor acrescentado

Incorporando o farelo de arroz: As várias propriedades do farelo de arroz, como as nutricionais e funcionais, são adequadas para produtos de panificação, nomeadamente biscoitos, muffins, pães, bolachas, pastelaria e panquecas (Sharif et al., 2009). A suplementação de farelo de arroz na farinha de trigo aumentou ainda mais os teores de proteína, lisina e fibra alimentar no pão e nas bolachas. As fracções de farelo de arroz podem ser utilizadas para produzir produtos de panificação aceitáveis com baixo teor de gordura e elevado teor de fibra (Kennedy, 1996). A cor, o sabor, a capacidade de extração de proteínas e a solubilidade do farelo, bem como outras propriedades, como a absorção de água e gordura, a capacidade emulsionante e de formação de espuma, demonstraram melhorias que nos esclarecem ainda mais sobre a potencial utilização do farelo nos alimentos (Barber *et al.,* 1991)

1. Um produto de panificação tradicional cubano, Torticas de Moron, foi feito substituindo a farinha de trigo por farelo de arroz parboilizado a 0, 20, 25 ou 30%. Nas Torticas de arroz, a proteína, a gordura, a fibra bruta e as cinzas eram mais elevadas do que no controlo. Foi ainda observado que 25% de substituição da farinha por farelo de arroz resultou num produto com propriedades sensoriais, composição química e vida útil aceitáveis (Zumbado *et al.,* 1997).
2. As propriedades funcionais do farelo de arroz gordo e desengordurado foram exploradas misturando-o com farinha de trigo a 5, 10 ou 15% para preparar pão de forma fermentado. A adição de qualquer um dos farelos de arroz desengordurado e gordo foi associada a uma redução do volume do pão e a uma diminuição da aceitabilidade geral do pão. Pães contendo até 10% de qualquer tipo de farelo de arroz ainda foram considerados aceitáveis (Sekhon et *al.,* 1990).
3. O farelo de arroz gordo e desengordurado foi misturado com farinha de trigo a 5, 10 ou 15% para preparar bolachas. Verificou-se uma melhoria na dispersão das bolachas com a adição de farelo

de arroz gordo. Em contraste, houve uma diminuição da dispersão após a suplementação de farelo de arroz desengordurado. As bolachas suplementadas com qualquer tipo de farelo de arroz foram aceitáveis até um nível de suplementação de 10% (Sekhon., 1990). Noutro estudo, as bolachas foram preparadas com sucesso a partir de farelo de arroz estabilizado a níveis de 20% (Carroll., 1990). Num estudo semelhante, o farelo de arroz gordo estabilizado até ao nível de 20% e o farelo de arroz gordo não estabilizado ou o farelo de arroz desengordurado estabilizado até 10% foram considerados adequados em vários produtos alimentares [Sekhon., 1990]. O farelo de arroz estabilizado por calor seco e extrusão foi suplementado em farinha de trigo a níveis de 5-20% para a preparação de biscoitos (Shanna, G. e Chauhan, S. 2002)

4. O concentrado proteico de farelo de arroz (CPRB) de farelo de arroz desengordurado foi incorporado em biscoitos a 5, 10 e 15 por cento. Os atributos físico-químicos, de resistência à fratura (analisador de textura) e sensoriais (escala hedónica de nove pontos) foram analisados nos biscoitos para avaliar a sua aceitabilidade. A formulação dos biscoitos enriquecidos com proteínas utilizando concentrado proteico de farelo de arroz com valor nutricional melhorado especialmente para pessoas subnutridas e desnutridas (Yadav e Deepu., 2011)
5. O biscoito e o pão são os produtos que foram desenvolvidos. O farelo de arroz processado foi incorporado em níveis de 5 a 15%. Foram analisadas as propriedades funcionais de ambos os produtos. As pontuações sensoriais dos produtos revelaram que os biscoitos foram melhor aceites com SRB 10% e PRB 10% e o pão foi melhor aceite com SRB 5% e PRB 10%, respetivamente (Bhosale et *al.,* 1994).
6. Foi relatado que a fibra do farelo de arroz contém quantidades elevadas de proteínas e gorduras funcionais, juntamente com antioxidantes, vitaminas e oligoelementos, para além de ser uma fonte concentrada de fibra. A presença destes nutrientes permite que a fibra de farelo de arroz seja utilizada como ingrediente nutricional e funcional. O frango revestido com fibra de farelo de arroz estabilizada tende a absorver menos gordura durante a fritura, enquanto a pequena quantidade de gordura encontrada naturalmente na fibra de farelo de arroz pode atuar como um transportador de sabores (Hammond., 1994). Mais tarde, o farelo de arroz estabilizado foi incorporado a 5, 10 e 20% no pó de chutney. A adição do farelo de arroz teve mais efeito na cor e menos na textura com efeitos intermédios no aroma, sabor e aceitabilidade geral (Prakash., 1995)
7. Foram escolhidas dez receitas padrão do pequeno-almoço/jantar do subcontinente indiano, nomeadamente chapati, chapati de vegetais mistos, dosa de trigo, rava idli de trigo, adai, rava adai, ragi adai, aletria de arroz, aletria de ragi e kolukattai, e a substituição dos cereais e leguminosas nas receitas padrão por farelo de arroz a 25, 30 e 35 por cento em substituição dos cereais e leguminosas na receita padrão. Os ensaios de aceitabilidade foram efectuados com 20

membros do júri com formação específica. Os resultados revelaram que as receitas com 25 por cento de incorporação de farelo de arroz tinham uma boa aceitabilidade a par da receita padrão (Premakumari *et al.*, 2012).

Resumo

As aplicações da fibra de cereais têm sido quase completamente limitadas aos produtos tradicionais de cereais, tais como cereais de pequeno-almoço quentes e frios, pães, biscoitos, snacks e produtos de massa. No entanto, não há razão para esta limitação. Outros grupos de produtos possíveis incluem produtos de carne, refeições prontas a comer, bebidas ou pós para bebidas, produtos lácteos e sobremesas. As pessoas que querem aumentar a sua ingestão diária de fibra alimentar precisam de uma variedade de escolhas de alimentos saborosos para manter continuamente uma dieta rica em fibra de cereais. No entanto, deve ser dada atenção não só à quantidade mínima de fibras de cereais em alimentos limitados, mas também à variedade de alimentos. Para alcançar os efeitos desejados para a saúde, é ainda mais importante que as fibras de cereais na preparação tenham propriedades de solubilidade e viscosidade que permitam a sua utilização ilimitada com numerosos componentes bioactivos. Para manter uma boa conformidade, as propriedades sensoriais são um fator chave. É um desafio para a indústria alimentar fornecer aos consumidores, tanto de alimentos convencionais como de alimentos dietéticos, tais fibras alimentares de cereais adicionadas.

REFERÊNCIAS

Abdul, H. A., Sulaiman, R., Osman, A. e Saari, N. 2007. Estudo Preliminar da Composição Química das Fracções de Moagem de Arroz Estabilizadas por Aquecimento por Micro-ondas. *Jornal de Composição e Análise de Alimentos,* **20** (7): 627-637.

Agrobio, 2010. Centro de Investigação Técnica da Finlândia, Subprodutos de biomassa agrícola para ingredientes multifuncionais, produtos químicos e enchimentos. *Biologia Agrícola.* Plano do projeto.

Anónimo. 2009. Sea Handbook 9th edition. A associação de extractores de solventes da Índia: Índia, 885-891.

Barber, S., Benedito, B. C. e Martenz, J. 1981. "Proteínas do farelo de arroz: valor potencial das frações do farelo de arroz como ingredientes alimentares proteicos". *Rev. Agroquim. Technology Aliments,* **21:** 247-256

Biliaderis, C.G., Izydorczyk, M.S. e Rattan, O.,1995. Effect of arabinoxylans on breadmaking quality of wheat flours. *Food Chemistry,* 53, pp. 165-171.

Bucci, R., Magri, A. D., Magri, A. L., Marini, D. e Marini F. 2002. Autenticação química de variedades de azeite virgem extra por procedimentos quimiométricos supervisionados. Journal *of Agriculture Food Chemistry,* **50:** 413-418

Buffa, C.W. 1976. "Cera de farelo de arroz, uma nova cera para cosméticos, medicamentos *e* produtos de higiene pessoal". *Cosmet. Toiletries Journal,* **91:** 14-16

Damen, B., Pollet, A., Domez, E., Broekaert, W., Van Haesendonck, I., Trogh, I., Amaut, F., Delcour, J. e Courtin, C., 2012. Produção in situ mediada por xilanase de oligossacáridos de arabinoxilano com potencial prebiótico em pães integrais e pães enriquecidos com materiais ricos em arabinoxilano. *Food Chemistry,* **131:** 111-118.

Delargy, H., Burley, V., O. Sullivan, K., Fletcher, R. e Blundell, J., 1995. Effect of different soluble: insoluble fibre ratios at breakfast on 24-h pattern of dietary intake and satiety. *European Journal of Clinical Nutrition,* **49** (10): 754-766.

Don, C., Lichtendonk, W. J., Plijter, J. J. e Hamner, R. J., 2003. Understanding the link between GMP and dough: from glutenin particles in flour towards developed dough. *Journal of Cereal Science,* **38:** 157-165.

Firestone, D. 1997. Official methods & recommended practices of the AOCS, 5th edition AOCS Press: Champaign IL.

Fitzsimmons, R. 2012. Quaker Oats, a Food and Drug Administration, e o valor de mercado das provas científicas de 1984 a 2010. *Comprehensive Reviews Food Science and Food Safety.* 11:56,

Hartikainen, K., 2011. Efeito da fibra do grão na colagem do amido, na formação da rede proteica e nas propriedades reológicas da massa de trigo. Tese de mestrado. Universidade de Aalto.

Hu, W., Wells, J. H, Tai, S., e Godber J. S. 1996. Comparison of Isopropanol and Hexane for Extraction of Vitamin E and Oryzanols from Stabilized Rice Bran. JAOCS, 73: 16531656.

Ito, M. 2003 "Characterization of natural waxes & their application to cosmetic foundations", Fragrance, **31:** 38-46

Izydorczyk, M. S., Cenkowski, S., e Dexter, J. 2014.Otimizar o potencial bioativo do farelo de aveia através do processamento. Cereal Foods World 59:127,

K.S. Sekhon, S.S. Dhillon, N. Singh, B. Singh, 1997. "Functional suitability of commercially milled rice bran in India for use in different food products", Plant Foods Hum. Nutr., **50** (2), 127-

140.

Katina, K., 2003. High-fibre baking, In Cauvain S.P. (Ed.) Bread making- Improving quality. Cambridge, Reino Unido: Woodhead publishing limited.

Kennedy, L.L., Chung, H.Y. e Hegsted, M. 1996. Novos produtos alimentares desenvolvidos a partir de fracções de farelo de arroz, Reunião Anual do IFT: Livro de Resumos. pp. 56.

L.E. Carroll L.E., "Functional properties and applications of stabilized rice bran in bakery products", Food Technology, **44** (4):74-76, 1990.

Lappi, J., Selinheimo, E., Scwhab, U., Katina, K., Lehtinen, P., Mykkanen, H., Kolehmainen, M. e Poutanen, K., 2010. Sourdough fermentation of whole wheat bread increases solubility of arabinoxylan and protein and decreases postprandial glucose and insulin responses. *Journal of Cereal Science,* **5:** 152-158.

Lebesi, D.M. e Tzi, C. 2009. Efeito da adição de fibras alimentares e de fontes de farelo de cereais comestíveis nas caraterísticas de cozedura e sensoriais de cupcakes. *Tecnologia de Bioprocessos Alimentares,* **4:** 710-722.

Luh BS, Liu, Y. K. 1980. Farinhas de arroz na panificação. Juliano B. O, ed. 470-485

Lyly, M., Liukkonen, K., Salmenkallio-Marttila, M., Karhunen, L., Poutanen, K. e Lahteenmaki, L., 2009. As fibras nas bebidas podem aumentar a perceção de saciedade. *European Journal of Nutrition,* **48:** 252-258.

N. Hammond. 1994. "Caraterísticas funcionais e nutricionais dos extractos de farelo de arroz". *Cereal Foods World,* **39:** 752-754.

Noort, M., Haaster, D., Hemery, Y., Schols, H. e Hamer, R., 2010. The effect of particle size of wheat bran on bread quality evidence for fibre - protein interactions. *Journal of Cereal Science,* **52:** 59-64.

Oluwatoyin, O. O., Afam, I. O. J. e Daniso, B. 2015. Composição e funcionalidade do farelo de trigo e sua aplicação em alguns produtos alimentares de cereais. *Jornal Internacional de Ciência e Tecnologia Alimentar,* **50:** 2509-2518

P. Singh, Yadav, N., Mishra, P. K. e Sheikh, S. 2013. "Utilização de farelo de arroz para o desenvolvimento de chapatti e sua resposta glicêmica em pacientes com NIDDM", International Research Journal Pharmaceutical and Applied Science, 3 (5), 244-248.

Parrado, J., E. Miramontes, M. Jover, J. F. Gutierrez, L. Collantes de Teran e J. Bautista, 2006.

Preparação de um extrato enzimático de farelo de arroz com potencial de utilização como alimento funcional. *Food Chemistry,* **98** (4): 742-748.

Peterson, D. M. Oat antioxidants. *Journal of Cereal Science,* **33:**115, 2001.

Piironen V, Lindsay DG, Miettinen TA, Toivo J, Lampi A (2000) Plant sterols: biosynthesis, biological function & their importance to human nutrition. J Sci Food Agric 80: 939-966

Pomeranz, Y., Shogren M.D., Finney K.F. e Bechtel D.B., 1977. Fiber in breadmaking - Effects on functional properties. *Cereal Chemistry,* 54, pp. 25-41.

Prakash, J e Jyothilakshmi, A. Utilizando farelo de arroz gordo em alimentos tradicionais, In: Livro de resumos, Reunião Anual do Instituto de Tecnólogos Alimentares, Resumo nº 81C-4, pp. 243, 1995.

Premakumari, Balasasirekha, R., Gomathi, K., Supriya, S., Mohan, R. J e Alagusundram, K. 2012. "Development and Acceptability of Fiber Enriched Ready Mixes", *International Journal of Pure Applied Science and Technology,* **9** (2), 74-83.

Preuckler, M., Siebenhandl-Ehn, S., Apprich, S. et al. (2014). Biorrefinaria à base de farelo de trigo 1: composição do farelo de trigo e estratégias de funcionalização. LWT- *Food Science and Technology,* **56:** 211-221.

R.B. Yadav, B.S. Yadav, Deepu Chaudhary.2011. "Extração, caraterização e utilização de concentrado proteico de farelo de arroz para o fabrico de biscoitos", British Food Journal, **113** (9):1173- 1182,

Reisinger, M., Tirpanalan, O., Preuckler, M., Huber, F., Kneifel, W. & Novalin, S. (2013). Investigação detalhada da biorrefinaria de farelo de trigo sobre tratamento hidrotérmico e enzimático. *Bioresource Technology,* **144:** 179-185.

S. Bhosale, D. Vijayalakshami, R. Chandru e H.B. Shivaleela. 2015. "Processamento de farelo de arroz e utilização em produtos alimentares", *Indian Journal of Nutrition and Dietetics,* **52** (3), 253265.

Santala, O., Lehtinen, P., Nordlund, E., Suortti, T. e Poutanen, K., 2011. Impacto do teor de água na solubilização do arabinoxilano durante o tratamento do farelo de trigo. *Journal of Cereal Science,* **54:** 187-194.

Seetharamaiah, G.S. e Chandrasekhara, N. 1989. "Studies on hypocholesterolemic activity of rice bran oil", Atherosclerosis, **78** :219-223.

Sekhon, K. S., Dhillon, S. S., Singh, N. e Singh, B. (1997). Adequação funcional do farelo de arroz moído comercialmente na Índia para utilização em diferentes produtos alimentares. Alimentos vegetais para a nutrição humana **50:** 127-140.

Sharif, M. K. 2009. "Rice industrial by-products management for oil extraction and value added products", Tese de Doutoramento em Filosofia, Grau de Doutor em Filosofia de Tecnologia Alimentar, Instituto Nacional de Ciência e Tecnologia Alimentar, Universidade de Agricultura, Faisalabad, Paquistão, pp. 206.

Sharma, H.R. e Chauhan, G. S. 2002. "Effect of stabilized rice bran-fenugreek blends on the quality of breads and cookies", *Journal of Food Science and Nutrition,* **39** (3), 225-233.

Sharp, C.Q. e Kitchens, K. J. 1990. Utilização de farelo de arroz em pão de levedura num padeiro caseiro. Cereal foods world, **35:** 1021-1024.

Singh, B., Sekhon, K. S. e Singh, N. 1995. "Suitability of full fat and defatted rice bran obtained from Indian rice for use in food products". *Plant Foods Human Nutrition, 41* (3), 191-200.

Stone, B. e Morell M., 2009. Carbohydrates, In. Khan, K. e Shewry P. (Eds.) Wheat Chemistry and Technology. 4ª edição. Paul, Minnesota, EUA: AACC International, Inc.

Surget, A. e Barron, C., 2005. Histologie du grain du ble. Industrie des cereales, 145, pp. 3-7.

Wang, A., Wu, L., Wang, X., Zhu, J., 2011. Método de preparação de papel comestível com farelo de trigo como matéria-prima, 105-25.

Wani Sajad Ahmad , Shah Tajamul Rouf, bazaria Bindu, Nayik Gulzar Ahmad, Gull Amir, Muzaffar Khalid, Kumar Pradyuman. 2014. Aveia como alimento funcional. *Jornal Universal de Farmácia,* 3(1): 14-20.

Wells, J. H (1993). Utilização de farelo e óleo de arroz em dietas humanas. *Louisiana Agriculture,* **36:** 48.

Wood, P. J. 2010. B-glucano de aveia e centeio: Propriedades e função. *Cereal Chemistry,* 87:315.

Zhang, D. e Moore, W. R., 1999. Efeitos do tamanho das partículas de farelo de trigo no desempenho e na qualidade da cozedura do pão. *Journal of the Science of Food and Agriculture,* **79:** 805- 809.

Zumbado, H., Ledesma, L., Fuertes, S e Ventura, J. 1997. "Processamento de um produto cozido com altos níveis de farelo de arroz parboilizado", Alimentaria, **280:** 21-23,

CAPÍTULO 8

AMIDO RESISTENTE COMO INGREDIENTE DE FIBRA ALIMENTAR

'S A Sofi,[1] Anjum Parry ,[2] Muneer Ahmad Dar,[3] Azadah Marzban e[1] Shafiya Rafiq

1Divisão de ciência e tecnologia alimentar, Skuast Jammu Índia

[2]Departamento de tecnologia alimentar, IUST Awantipora J&K Índia

[3]Universidade Técnica e Profissional Irão

Introdução

O aumento da procura de produtos alimentares de alta qualidade por parte dos consumidores conduziu a um crescimento da utilização de tecnologias inovadoras e de novos ingredientes. O principal fator que influencia as mudanças na procura dos consumidores são as preocupações com a saúde (colesterol, cancro, obesidade, etc.). Para além disso, a necessidade de conveniência, as alterações nos sistemas de distribuição e o preço mudaram a mente dos consumidores para novos produtos, particularmente produtos orientados para a conveniência preparados com novas tecnologias. Uma das principais razões para o aumento da popularidade dos novos alimentos é o facto de as pessoas estarem a tomar consciência da relação direta entre uma dieta nutritiva e a saúde (Perez-Alvarez, 2008). Atualmente, é dada uma importância considerável aos alimentos funcionais, que, em princípio, para além das suas funções nutricionais básicas, proporcionam benefícios fisiológicos e/ou reduzem o risco de doenças crónicas. Os alimentos funcionais contêm (ou adicionam) um componente com um efeito positivo para a saúde ou eliminam um componente com um efeito negativo e o amido resistente (RS) pode ser um dos componentes adicionados para desenvolver uma grande variedade de novos produtos (Mikusova *et al.*, 2009). O amido é a principal fonte de hidratos de carbono da dieta humana (Ratnayake & Jackson, 2008), que se encontra em muitos tecidos vegetais sob a forma de grânulos, normalmente com um diâmetro entre 1 e 100 Im, dependendo da fonte vegetal. O amido é um polissacárido composto por unidades de a-D-glucopiranosilo ligadas entre si por ligações a-D- (1-4) e/ou a-D-(l-6), e é constituído por dois tipos moleculares: amilose, o poliglucano de cadeia linear constituído por cerca de 1000 glucoses ligadas a-D-(l-4); e amilopectina, o glucano ramificado, constituído por cerca de 4000 unidades de glucose com ramificações que ocorrem como ligações a-D-(l-6) (Sharma *et al.,* 2008). Foram identificadas duas estruturas cristalinas de amido (um tipo "A" e um tipo "B"), que contêm proporções diferentes de amilopectina e os amidos do tipo A encontram-se nos cereais, enquanto os amidos do tipo B se encontram nos tubérculos e nos amidos ricos em amilose. Um terceiro tipo, denominado "tipo C", parece ser uma mistura das formas A e B e encontra-se nas leguminosas. Em geral, os amidos digeríveis são decompostos (hidrolisados) pelas enzimas a-amilases, glucoamilase e sacarase-isomaltase no intestino delgado para produzir glucose livre que é depois absorvida (Nugent, 2005). No entanto, nem todo o amido da dieta é digerido e absorvido no intestino delgado (Tharanathan, 2002). O amido resistente, uma gama extremamente vasta e diversificada de materiais, refere-se à parte do amido e dos produtos à base de amido que resistem à digestão à medida que passam pelo trato gastrointestinal, uma vez que não é hidrolisado em D-glucose no intestino delgado nos 120 minutos seguintes ao consumo, mas que é fermentado no cólon. Muitos estudos mostraram que a RS é uma molécula linear de a-l,4-D-glucano, essencialmente derivada da fração de Amilose retrogradada, e tem um peso molecular relativamente baixo (1,2 105 Da) (Tharanathan, 2002). Podem existir quatro razões para a não digestibilidade do amido resistente: (i) a estrutura molecular compacta restringe a acessibilidade das enzimas digestivas, várias amilases, e explica a natureza resistente dos grânulos de amido cru (Haralampu, 2002). O amido pode não ser fisicamente bioacessível às enzimas digestivas, como nos grãos, sementes ou tubérculos, (ii) Estão estruturados de uma forma que impede as enzimas digestivas de os decomporem (por exemplo, batatas cruas, bananas não maduras e amido de milho com elevado teor de amilose) (Nugent, 2005). (iii) Os grânulos de amido sofrem gelatinização, o que torna as moléculas totalmente acessíveis às enzimas digestivas (Haralampu, 2000). No entanto, se estes géis de amido forem arrefecidos, formam cristais de amido que são resistentes à digestão das enzimas. Esta forma de amido "retrogradado" encontra-se em pequenas quantidades (cerca de 5%) em alimentos como os "com-flakes" ou as batatas cozinhadas e arrefecidas, como as utilizadas numa salada de batata, (iv) a modificação química de amidos selecionados por eterização, esterização ou ligações cruzadas, não pode ser decomposta pelas enzimas digestivas (Lunn & Buttriss, 2007). . As propriedades funcionais do amido resistente, particularmente a sua baixa capacidade de retenção de água, poder de inchamento, etc., tornam-no um ingrediente funcional que proporciona um bom manuseamento e melhora a textura do produto acabado (Bedxauli *et al.,* 2008). Através de um controlo cuidadoso das condições de processamento utilizadas, por exemplo, o teor de humidade, o pH, a temperatura, a duração do aquecimento, os ciclos repetidos de aquecimento e arrefecimento, etc., o teor de RS pode atingir 30%. A RS demonstrou melhorar as qualidades alimentares devido à sua maior expansão, maior crocância e redução da "recolha" de óleo em alimentos fritos, ao contrário da fibra dietética tradicional, que confere uma textura arenosa e um sabor forte (Tharanathan, 2002). . Em comparação com as fibras tradicionais, como os cereais integrais, o farelo ou as fibras de fruta (Perez-Alvarez, 2008). A RS tem a vantagem de afetar menos as propriedades sensoriais dos produtos finais, o que é muito positivo para a aceitabilidade do consumidor, como o aspeto, a textura e a sensação na boca, do que as fibras convencionais (Charalampopoulos *et al.,* 2002).

O amido resistente como componente da fibra alimentar

Tradicionalmente, no Reino Unido, a definição de fibra alimentar inclui apenas os polissacáridos não amiláceos e a lenhina, e não inclui o RS (Sharma et *al.*, 2008). No entanto, atualmente, o amido resistente que ocorre naturalmente (como o encontrado em cereais integrais, leguminosas, massas cozinhadas e refrigeradas, batatas e arroz, bananas verdes) é considerado fibra alimentar, enquanto os amidos resistentes adicionados aos alimentos para benefícios para a saúde são classificados como fibra funcional ao abrigo da definição da AACC (Associação Americana de Químicos de Cereais, 2000) (AOAC, 2012) e da NAS (Academia Nacional de Ciências, 2002) (FAO/OMS, 2002). Como as pessoas estão a tomar consciência da relação entre alimentação, estilo de vida e saúde, o amido resistente (RS) ganhou importância como uma nova fonte de fibra alimentar (Sanz et *al.*, 2008) para produzir uma gama de alimentos enriquecidos com fibra. O comportamento geral do RS é fisiologicamente semelhante ao das fibras solúveis e fermentáveis, como a goma guar. Os resultados mais comuns incluem o aumento do volume fecal e a redução do pH do cólon (Slavin et *al.*, 2009). Outras observações sugerem que o amido resistente, tal como as fibras solúveis, tem um impacto positivo na saúde do cólon, aumentando a taxa de produção de células da cripta ou diminuindo a atrofia epitelial do cólon em comparação com dietas sem fibras. Há indicações de que o amido resistente, tal como o guar, uma fibra solúvel, influencia a tumorigénese e reduz o colesterol e os triglicéridos séricos. De um modo geral, uma vez que o amido resistente se comporta fisiologicamente como uma fibra, deve ser incluído no ensaio da fibra alimentar total (Haralampu, 2000). O recente aumento de interesse no RS está relacionado com os seus efeitos no trato gastrointestinal, que em muitos aspectos são semelhantes aos da fibra alimentar. Tal como as fibras solúveis, a RS é um substrato para o microbiota do cólon, formando metabolitos que incluem ácidos gordos de cadeia curta (AGCC), ou seja, principalmente ácido acético, propiónico e butírico. O ácido butírico é largamente metabolizado pelo colonócito e é a fonte de energia mais importante para a célula (Elmstahl, 2002). O consumo de RS também tem sido relacionado com a redução das respostas glicémicas e insulinémicas pós-prandiais, o que pode ter implicações benéficas na gestão da diabetes (Tharanathan & Mahadevamma, 2003). Por conseguinte, existe uma ampla justificação para assumir que a RS se comporta fisiologicamente como a fibra (Sajilata & Singhal, 2005). A RS não é um componente da parede celular, mas é nutricionalmente mais semelhante às NSP do que ao amido digerível. Ultimamente, a RS tem sido considerada um novo ingrediente para a criação de alimentos ricos em fibra, embora um dos problemas da inclusão da RS seja o facto de não possuir todas as propriedades da fibra solúvel e insolúvel em conjunto (Sharma *et al.*, 2008). Vários estudos tentaram quantificar a ingestão alimentar de amido resistente em diferentes populações. A nível mundial, a ingestão alimentar de amido resistente varia consideravelmente. Estima-se que a ingestão de amido resistente nos países em desenvolvimento com elevadas taxas de consumo de amido varia entre cerca de 30-40 g/dia (Baghurst et *al.*, 2001). Pensa-se que a ingestão na UE seja de 3 a 6 g/dia (Dyssler, 1994) e de 5-7 g/dia na Austrália (Lunn, 2007). Deve notar-se que os consumos de amido resistente na Austrália são provavelmente mais elevados do que na Europa, devido à disponibilidade comercial de pães, produtos de pastelaria e cereais mais vendidos que contêm ingredientes ricos em amido resistente. A Commonwealth Scientific and Industrial Research Organization (CSIRO) da Austrália recomendou que a ingestão total de amido resistente deveria ser de cerca de 20 g *por* dia, com base *num* estudo de Baghurst et *al.*,2001, para uma boa saúde. No entanto, em comparação com as actuais taxas de ingestão de amido resistente na população do Reino Unido e noutros países, para atingir este nível de ingestão seriam necessárias mudanças substanciais na dieta e, na verdade, só pode ser alcançado através do consumo de alimentos que contenham amido resistente como ingrediente alimentar, em vez de na forma natural. No entanto, o amido resistente poderia dar um contributo valioso para a ingestão de fibras alimentares, uma vez que é fermentado lentamente no intestino grosso e, portanto, é melhor tolerado do que outras fibras solúveis (Lunn & Buttriss, 2007).

Tipos de amido resistente

O amido resistente foi classificado em quatro subtipos gerais denominados RS1-RS4. Os tipos naturais de RS são frequentemente destruídos aquando da sua transformação. O fabrico de amido resistente envolve normalmente hidrólise ácida parcial e tratamentos hidrotérmicos, aquecimento, retrogradação, cozedura por extrusão, modificação química e repolimerização (Charalampopoulos et *al.*, 2000). As quatro classes distintas de RS nos alimentos são: (1) RSI - amido fisicamente inacessível, que se encontra no interior de grãos ou sementes inteiros ou parcialmente moídos; (2) RS2 - alguns tipos de grânulos de amido cru (como a banana e a batata) e amidos com alto teor de amilose (high-amylose com); (3) RS3 - amido retrogradado (processado a partir de amido não modificado ou resultante de aplicações de processamento de alimentos); (4) RS4 - amidos que são quimicamente modificados para obter resistência à digestão enzimática (como alguns éteres de amido, ésteres de amido e amidos reticulados) (Ratnayake & Jackson, 2008) . Os RSI e RS2 representam resíduos de formas de amido que são digeridas muito lentamente e de forma incompleta no intestino delgado. RSI é o termo dado aos RS em que o amido é fisicamente inacessível à digestão, por exemplo, devido à presença de paredes celulares intactas em grãos, sementes ou tubérculos (Hernandez *et al.*, 2008). Os RSI são estáveis ao calor na maioria das operações normais de cozedura, o que permite a sua utilização como ingrediente numa grande variedade de alimentos convencionais[15] . Os RS2 são grânulos de amido nativos e não cozinhados, como os amidos de batata ou banana crus, cuja cristalinidade os torna pouco susceptíveis à hidrólise (Hernandez et *al.*, 2008). A RS2 descreve os grânulos de amido nativo que estão protegidos da digestão pela conformação ou estrutura do grânulo de amido. Esta estrutura compacta limita a acessibilidade das enzimas digestivas, várias amilases, e é responsável pela natureza resistente do RS2, tal como o amido não gelatinizado. Na dieta, o amido cru é consumido em alimentos como a banana (Sajilata & Singhal, 2005). Um tipo particular de RS2 é único, pois mantém a sua estrutura e resistência mesmo durante o processamento e preparação de muitos alimentos; este RS2 é designado por amido de milho de alta amilose (Wepner et *al.*, 1999). A RS3 refere-se a materiais não granulares derivados do amido que resistem à digestão. As formas RS3 são geralmente formadas durante a retrogradação dos grânulos de amido. RS3 são amidos retrogradados, que podem ser formados em alimentos cozinhados que são mantidos a baixa temperatura ou à temperatura ambiente (Hemandez et *al.*, 2008). A maioria dos alimentos húmidos contém, portanto, alguns RS3 (Sharma et *al.*, 2008). O RS3 é de particular interesse, devido à sua estabilidade térmica. Isto permite-lhe ser estável na maioria das operações normais de cozedura, e permite a sua utilização como ingrediente numa grande variedade de alimentos convencionais. O processamento de alimentos, que envolve calor e humidade, na maioria dos casos destrói a RSI e a RS2, mas pode formar a RS3 (Faraj et *al.*, 2005). O RS3 tem mostrado uma maior capacidade de retenção de água do que o amido granular (Sanz et *al.*, 2008). Alguns exemplos de RS3 são as batatas cozinhadas e arrefecidas e os "com-flakes" (Wepner et *al.*, 1999). Cerca de 80-90% da glucose produzida pela hidrólise enzimática do amido padrão é metabolizada no corpo humano. A maior parte dos estudos indica que 30-70% da RS é degradada em ácidos gordos de cadeia curta no cólon por amilases bacterianas, enquanto o resto da RS escapa à fermentação do cólon e é excretada nas fezes. A digestibilidade global dos RS depende da categoria e da fonte de RS consumida. Da quantidade total de RS3 presente no com e no trigo, cerca de 84% e 65%, respetivamente, são degradados pela fermentação bacteriana no cólon. Da mesma forma, 89% dos RS2 da batata crua e 96% dos RS2 da banana verde são degradados pela fermentação bacteriana no cólon. A degradação dos RS é também afetada pelas várias condições de processamento dos alimentos em que os RS são gerados. Verificou-se também que a digestibilidade dos RS varia consoante o indivíduo. Esta variabilidade pode ser atribuída a diferenças individuais relativamente às respostas enzimáticas (Sharma et *al.*, 2008). A amilose retrogradada é responsável pela produção de amido resistente RS3. De acordo com este facto, a ingestão prolongada de uma dieta rica em amilose melhora os níveis de triglicéridos e colesterol em jejum mais do que uma dieta correspondente rica em amilopectina (Mikusova *et al.*, 2009). Para além dos três tipos principais de RS, o amido quimicamente modificado foi definido como RS tipo 4, semelhante aos oligossacáridos resistentes e à polidextrose (Wepner et al., 1999). A RS4 descreve um grupo de amidos que foram modificados quimicamente e inclui amidos que foram eterizados, esterificados ou ligados de forma cruzada com produtos químicos de modo a diminuir a sua digestibilidade. Os RS4 podem ainda ser subdivididos em quatro subcategorias, consoante a sua solubilidade em água e os métodos experimentais através dos quais podem ser analisados (Nugent, 2005). Os RS4 podem ser produzidos por modificações químicas, como a conversão, a substituição ou a reticulação, que podem impedir a sua digestão, bloqueando o acesso das enzimas e formando ligações atípicas, como as ligações a(l-4) e a(l-6) (Kim et *al.*, 2008). Diferentes fontes de RS2 e RS3 de diferentes origens e com diferentes percentagens de RS estão disponíveis como ingredientes comerciais no mercado europeu para serem incluídos nos alimentos. Como o RS4 é constituído por amidos quimicamente modificados, com um número de modificações muito superior ao dos amidos quimicamente modificados habituais autorizados na Europa, trata-se de um novo alimento ainda não aprovado pela União Europeia. No entanto, o RS4 é autorizado no Japão (Lunn & Buttriss, 2007). Para além dos factores estruturais acima mencionados, em que a estrutura química do amido pode influenciar a quantidade de RS presente, outros factores intrínsecos aos alimentos ricos em amido podem afetar a atividade da a-amilase e, consequentemente, a degradação do amido. Estes incluem a formação de complexos amilose-lípidos, a presença de inibidores nativos da a-amilase e também de polissacáridos não amiláceos, todos eles podendo afetar diretamente a atividade da a-amilase. Os aditivos extrínsecos, por exemplo, o fósforo, podem também ligar-se ao amido, tornando-o mais ou menos suscetível à degradação. Além disso, os factores fisiológicos podem afetar a quantidade de RS num alimento. O aumento da mastigação diminui o tamanho das partículas (as partículas mais pequenas são mais facilmente digeridas no intestino), enquanto que as variações intra-individuais no tempo de trânsito e os factores biológicos (por exemplo, o ciclo menstrual) também afectam a digestibilidade do amido. Atualmente, não se sabe de que forma o RS4 é afetado pela digestão in vivo (Nugent, 2005).

Fontes de amido resistente.

O amido, que é a principal fonte alimentar de hidratos de carbono, é o polissacárido de armazenamento mais abundante nas plantas e ocorre sob a forma de grânulos no cloroplasto das folhas verdes e no amiloplasto das sementes, leguminosas e tubérculos (Sajilata, & Singhal, 2005). O amido resistente encontra-se naturalmente nos grãos de cereais, nas sementes e no amido aquecido ou nos alimentos que contêm amido (Sajilata & Singhal, 2005). Os factores que determinam se o amido é resistente à digestão incluem a forma física dos grãos ou sementes em que se encontra o amido, particularmente se estes estão inteiros ou parcialmente quebrados, o tamanho e o tipo de grânulos de amido, as associações entre o amido e outros componentes da dieta, e a cozedura e o processamento dos alimentos, especialmente a cozedura e o arrefecimento (Slavin, 2004). A digestibilidade do amido no arroz e no trigo é aumentada pela moagem até à obtenção de farinha (Sajilata & Singhal, 2005). Como ingrediente alimentar, o RS tem um valor calórico mais baixo (8 kJ/g) em comparação com o amido totalmente digerível (15 kJ/g); no entanto, pode ser incorporado numa vasta gama de produtos alimentares correntes, tais como produtos cozinhados, sem afetar as propriedades de processamento ou o aspeto e sabor globais do produto (Rochfort & Panozzo, 2007). A banana verde é considerada o alimento não processado mais rico do RS. Vários estudos têm sugerido que o consumo de bananas verdes confere efeitos benéficos para a saúde humana, facto frequentemente associado ao seu elevado teor de amido resistente (RS), que varia entre 47% e 57%. Recentemente, foi descrita a preparação de uma farinha de banana verde, com 73,4% de amido total, 17,5% de RS e um teor de fibra alimentar de 14,5%. Embora a banana represente uma fonte alternativa de hidratos de carbono indigestos, principalmente RS e fibra alimentar, é importante ter em conta que, quando o fruto não maduro é cozinhado, os seus RS nativos tornam-se digeríveis (Rodriguez *et al.*, 20002). Em percentagem do amido total, a fécula de batata tem a concentração mais elevada de RS e a fécula de milho a mais baixa. A fécula de batata crua contém 75% de RS em percentagem do amido total (ST). Os amidos de tubérculos como a batata tendem a apresentar padrões de cristalinidade do tipo B que são altamente resistentes à digestão. O amilomaize contém maioritariamente amilose, que demonstrou reduzir não só a digestibilidade, mas também os valores de insulina e glucose no sangue dos seres humanos (Bednar et *al.,* 2001). Os cereais integrais são fontes ricas de hidratos de carbono fermentáveis, incluindo fibra alimentar, amido resistente e oligossacáridos (Slavin, 2004). A fibra fornecida pelos cereais integrais inclui um componente substancial de amido resistente, bem como quantidades variáveis de fibras solúveis e fermentáveis, dependendo da fonte de cereais integrais (Lunn & Buttriss, 2007). As concentrações de RS são baixas para o grupo de farinhas como um todo. As farinhas de cereais apresentam um padrão cristalino do tipo A, que é mais facilmente hidrolisado do que os cereais crus que não são tão altamente processados como as farinhas. Por conseguinte, as farinhas de cereais contêm mais RDS e SDS do que RS. O perfil nutricional dos grãos de cereais e das suas farinhas correspondentes varia consideravelmente. As farinhas de cereais são constituídas essencialmente por dois componentes: as proteínas e o amido. Os grãos de cereais, pelo contrário, contêm o pericarpo, as camadas de aleurona e as porções de gérmen do grão que fornecem lípidos e fibras. Os grãos de cereais são transformados e moídos em farinhas, alterando assim a composição química da farinha em comparação com a do grão de cereal. As concentrações de RS são cinco vezes mais elevadas nos grãos de cereais do que nas farinhas. Os produtos à base de cereais preparados contêm níveis moderados de RS (média de 9,6% em percentagem da ST). O amido em alimentos como o esparguete é digerido mais lentamente devido ao amido densamente compactado no alimento (Bednar *et al.,* 2001). As leguminosas são conhecidas pelo seu elevado teor de fibra alimentar solúvel e insolúvel. Os grãos de leguminosas são ricos em RS e mantêm a sua funcionalidade mesmo após a cozedura (Rochfort & Panozzo, 2007). Os amidos de leguminosas têm níveis de amilose mais elevados do que os amidos de cereais e pseudocereais[2] . As leguminosas têm concentrações elevadas de TDF e RS (média de 36,5% e 24,7%, respetivamente). As concentrações de RS constituíram geralmente a maior proporção das fracções de amido das leguminosas. Os amidos de leguminosas apresentam um padrão de cristalinidade do tipo C. Este tipo de amido é mais resistente à corrosão. Este tipo de amido é mais resistente à hidrólise do que o amido com um padrão de cristalinidade do tipo A e ajuda a explicar por que razão as leguminosas têm quantidades elevadas de RS. Outra razão possível para as concentrações mais elevadas de RS nas leguminosas pode ser a relação entre o amido e a proteína. Quando o feijão vermelho é pré-incubado com pepsina, há um aumento da sua suscetibilidade ao ataque amilolítico (Bednar et *al.,* 2001). As leguminosas cozinhadas são susceptíveis de retrogradar mais rapidamente, diminuindo assim o processo de digestão. As leguminosas transformadas contêm uma quantidade significativa de RS3. A digestibilidade do amido das leguminosas é muito inferior à do amido dos cereais. O teor mais elevado de amilose nas leguminosas, que provavelmente conduz a um teor mais elevado de RS, pode explicar a sua baixa digestibilidade. Foi demonstrado que o amido de cereais com elevado teor de amilose é digerido a uma taxa significativamente inferior (Tharanathan, & Mahadevamma, 2003). Existe uma grande diversidade do teor de amido resistente nas sementes de leguminosas (de 80% a apenas alguns por cento). No entanto, é muito importante a influência do processamento na parte resistente do amido. O processamento hidrotérmico pode causar um aumento ou uma redução da fração de amido resistente (dependendo dos parâmetros de processamento e das variedades de leguminosas (Giczewska & Borowska, 2003).

Efeitos fisiológicos benéficos do amido resistente

O RS tem recebido muita atenção tanto pelos seus potenciais benefícios para a saúde como pelas suas propriedades funcionais (Sajilata & Singhal, 2005). O amido resistente ajuda a promover a saúde do intestino grosso e a prevenir as doenças inflamatórias intestinais (DII) e o cancro colorrectal (CCR), mas tem um impacto menor no metabolismo dos lípidos e da glicose (Nugent, 2005). Foram atribuídos vários efeitos fisiológicos ao RS, que provaram ser benéficos para a saúde (Sajilata & Singhal, 2005). As propriedades fisiológicas do amido resistente (e, por conseguinte, os potenciais benefícios para a saúde) podem variar muito, dependendo da conceção do estudo e das diferenças na fonte, tipo e dose de amido resistente consumido (Buttriss & Stokes, 2008). É possível que as práticas actuais de processamento e consumo de alimentos tenham levado a um menor consumo de RS, o que poderia contribuir para o aumento das doenças graves do intestino grosso nos países ricos. Isto oferece oportunidades para o desenvolvimento de novas cultivares de cereais e ingredientes à base de amido para produtos alimentares que podem melhorar a saúde do consumidor de várias formas, actuando em grande parte através dos seus produtos de fermentação bacteriana do intestino grosso que são, em adultos, ácidos gordos de cadeia curta (SCFA), mas o interesse está a aumentar no seu potencial prebiótico. Há também um interesse crescente na utilização de RS para reduzir o valor energético e o teor de hidratos de carbono disponíveis nos alimentos. Além disso, a RS também pode ser utilizada para aumentar o teor de fibra dos alimentos e está a ser investigada quanto ao seu potencial para acelerar o início da saciedade e para diminuir a resposta glicémica (Nugent, 2005).

Conclusão

O cumprimento da ingestão diária recomendada de fibra está a exigir o desenvolvimento de muitos alimentos enriquecidos com fibra. O amido resistente (AR) é uma fonte de fibra recentemente reconhecida com vários benefícios, uma vez que sofre uma fermentação parcial ou completa no cólon. Como fibra funcional, as suas partículas finas e o seu sabor suave tornam possível a formulação de vários produtos alimentares com melhor aceitação pelo consumidor e maior palatabilidade do que os produzidos com fibras tradicionais. Tecnicamente, é possível aumentar o teor de RS nos alimentos modificando as condições de processamento, tais como o pH, a temperatura e o tempo de aquecimento, o número de ciclos de aquecimento e arrefecimento, a congelação e a secagem. A RS mostra uma melhor crocância e expansão em certos produtos, que têm melhor paladar, cor e sabor do que os produtos produzidos com fibras insolúveis tradicionais.

Referências

Baghurst, K. I., Baghurst, P. A., & Record, S. J. 2001. Dietary fibre, nonstarch polysaccharide and resistant starch intakes in Australia (Consumo de fibras alimentares, polissacáridos sem amido e amido resistente na Austrália). Em G. A. Spiller (Ed.). Handbook of dietary fibre in human health (Manual de fibra alimentar na saúde humana) (pp. 583-591). Boca Raton, FL: CRC Press.

Baixauli, R., Salvador, A., Martinez-Cervera, S., & Fiszman, S. M. 2008. Caraterísticas sensoriais distintivas introduzidas pelo amido resistente em produtos de panificação. *Ciência e Tecnologia Alimentar.* 41,1927-1933.

Bednar, G. E., Patil, A. R., Murray, S. M., Grieshop, C. M., Merchen, N. R., & Fahey, G. C. 2001. As fracções de amido e fibra em alimentos e ingredientes alimentares selecionados afectam a sua digestibilidade e fermentabilidade no intestino delgado e a sua fermentabilidade no intestino grosso in vitro num modelo canino. *The Journal of Nutrition.* 131, 276-286.

Buttriss, J. L., & Stokes, C. S. 2008. Fibra alimentar e saúde: An overview. Fundação Britânica de Nutrição, Boletim de Nutrição, 33, 186-200.

Charalampopoulos, D., Wang, R., Pandiella, S. S., & Webb, C. 2002. Aplicação de cereais e componentes de cereais em alimentos funcionais: A review. *International Journal of Food Microbiology.* 79, 131-141.

Dyssler, P., & Hoffmann, D. 1994. Estimativa da ingestão de amido resistente na Europa. In N.-G. Asp, J. M. M. van Amelsvoort, & J. G. A. J. Hautvast (Eds.), Proceedings of the concluding plenary meeting of EURESTA (pp. 84-86). Wageningen, Países Baixos: EURESTA.

FAO/OMS (Organização das Nações Unidas para a Alimentação e a Agricultura/Organização Mundial de Saúde), (2002). diet, nutrition and the prevention of chronic diseases, report of a joint fao/ who expert consultation, who technical report series, vol. 916.

Faraj, A., Vasanthan, T., & Hoover, R. 2004. O efeito da cozedura por extrusão na formação de amido resistente em farinhas de cevada cerosas e regulares. *Food Research International.* 37, 517-525.

Giczewska, A., & Borowska, J. 2003. Valor nutricional das sementes de fava. Parte 1: Amido e fibra. *Food.* 47(2), 95-97.

Haralampu, S. G. 2000. Amido resistente: Uma revisão das propriedades físicas e do impacto biológico do RS3. *Carbohydrate Polymers.* 41, 285-292.

Hernandez, O., Emaldi, U., & Tovar, J. 2008. Digestibilidade in vitro de filmes comestíveis de várias fontes de amido. *Carbohydrate Polymers.* 71, 648-655.

Kim, M. J., Choi, S. J., Shin, S. I., Sohn, M. R., Lee, C. J., Kim, Y. 2008. Amido glutarato resistente de adlay: Preparação e propriedades. *Polímeros de hidratos de carbono.* 74, 787-796.

Lunn, J., & Buttriss, J. L. 2007. Carboidratos e fibras alimentares. Boletim de Nutrição, 32, 21-64.
Lunn, J., & Buttriss, J. L. 2007. Carboidratos e fibras alimentares. Boletim de Nutrição, 32, 21-64.
Mikusova, L., Sturdik, E., Mosovska, S., Brindzova, L., & Mikulajova, A. 2009. Desenvolvimento de novos produtos de panificação com elevado teor de fibra alimentar e atividade antioxidante para a prevenção da obesidade. In Proceedings of 4th international dietary fibre conference (p. 185). Viena, Áustria: Associação Internacional para a Ciência e Tecnologia dos Cereais (ICC).

Nugent, A. P. 2005. Propriedades do amido resistente para a saúde. Fundação Britânica de Nutrição. Boletim de Nutrição, 30, 27-54.

Métodos oficiais de análise da AO AC internacional - 19ª edição, 2012

Perez-Alvarez, J. A. 2008. Visão geral dos produtos à base de carne como alimentos funcionais. Em J. Fernandez-Lopez & J. A. Perez-Alvarez (Eds.), Technological strategies for functional meat products development (pp. 1-17). Kerala, Índia: Transworld Research Network.

Ratnayake, W. S., & Jackson, D. S. 2008. Thermal behavior of resistant starches RS 2, RS 3, and RS 4. Journal of Food Science, 73(5), 356-366.

Rochfort, S., & Panozzo, J. 2007. Phytochemicals for health, the role of pulses (Fitoquímicos para a saúde, o papel das leguminosas). Journal of Agricultural and Food Chemistry, 55, 7981-7994.

Rodriguez, S. L., Islas, J. J., Agama, E., Tovar, J., & Bello, L. A. 2008. Characterization of a fibre-rich powder prepared by liquefaction of unripe banana flour. Food Chemistry, 107, 1515-1521.

Sajilata, M. G., & Singhal, R. S. 2005. Amidos especiais para snacks. Carbohydrate Polymers, 59, 131-151.

Sanz, T., Salvador, A., & Fiszman, S. M. 2008. Avaliação de quatro tipos de amido resistente no desempenho da cozedura de muffins e relação com a reologia da massa. Investigação e Tecnologia Alimentar Europeia, 227, 813-819.

Sanz, T., Salvador, A., & Fiszman, S. M. 2008. Avaliação de quatro tipos de amido resistente no desempenho de balking de muffins e relação com a reologia da massa. Investigação e Tecnologia Alimentar Europeia, 227, 813-819.

Sanz, T., Salvador, A., & Fiszman, S. M. 2008. Avaliação de quatro tipos de amido resistente no desempenho da cozedura de muffins e relação com a reologia da massa. *Investigação e Tecnologia Alimentar Europeia.* 227, 813-819.

Sharma, A., Yadav, B. S., & Ritika 2008. Amido resistente: Physiological roles and food applications. *Food Reviews International.* 24, 193-234.

Slavin, J. 2004. Whole grains and human health (Grãos integrais e saúde humana). *Nutrition Research Reviews.* 17, 99-110.

Slavin, J., Stewart, M., Timm, D., & Hospattankar, A. 2009. Padrões de fermentação e perfis de ácidos gordos de cadeia curta (scfa) da dextrina de trigo e outras fibras funcionais. Em Actas da 4ª conferência internacional sobre fibras alimentares de 2009. Associação Internacional para a Ciência e Tecnologia dos Cereais (ICC), 1-3 de julho de 2009, Viena,

Tharanathan, R. N. 2002. Hidratos de carbono derivados de alimentos: Complexidade estrutural e diversidade funcional. *Critical Reviews in Biotechnology.* 22(1), 65-84.

Tharanathan, R. N., & Mahadevamma, S. 2003. Leguminosas de grão: A boon to human nutrition. *Trends in Food Science & Technology.* 14, 507-518.

Topping, D. L., Anthony, M. F., & Bird, F. 2003. Amido resistente como prebiótico e simbiótico: Estado da arte. *Actas da Sociedade de Nutrição.* 62, 171-176.

Wepner, B., Berghofer, E., Miesenberger, E., & Tiefenbacher, K. 1999. Citrato de amido: Aplicação como amido resistente em diferentes sistemas alimentares. *Starch.* 51(10), 354-361.

CAPÍTULO 9

AS GOMAS COMO FIBRA ALIMENTAR E A SUA APLICAÇÃO NOS ALIMENTOS

Beena Munaza, Shafiya Rafiq e S A Sofi

Divisão de ciência e tecnologia alimentar, SKUAT- Jammu

Introdução

As gomas são classificadas como fibras alimentares. Nos alimentos, as principais funções das gomas incluem o espessamento, a gelificação, a emulsificação, a suspensão de hidratos de carbono solúveis em água, a estabilização e a sensação na boca. Os produtos de goma não derretem à temperatura ambiente como os produtos de gelatina e, devido a este carácter único, encontram muitas aplicações nas indústrias alimentar, farmacêutica, cosmética, mineira e petrolífera. As gomas são excelentes adesivos. Inicialmente, as gomas eram utilizadas como cola para embrulhar múmias pelos antigos egípcios. Atualmente, há uma maior sensibilização e reconhecimento da utilização de produtos de goma acácia como fonte de fibra. Muitas gomas continuam a ser utilizadas como adesivos, como a goma acácia, que é uma cola de alta qualidade utilizada no verso dos selos postais, e a goma tragacanto, que é novamente utilizada como cola nas embalagens de charutos. Para além disso, as gomas são também utilizadas como agentes emulsionantes e de revestimento de películas há muitos anos. Encontram-se também nas formulações de géis ambientadores e outros produtos semelhantes. Outras aplicações incluem o artesanato, a impressão e as indústrias têxteis. A goma tragacantina e a goma arábica são basicamente seivas (exsudados) provenientes de árvores de goma. A goma de guar e a goma de alfarroba, tal como o trigo, são extractos de sementes. Sendo 85% de fibra solúvel numa base de peso seco, os hidrocolóides, como a goma arábica e a goma guar, estão agora a ser utilizados na formulação de alimentos com menor teor de hidratos de carbono. A goma de carragenina e a goma de alginato são extractos de algas marinhas. A goma xantana é um subproduto da fermentação microbiana e é basicamente um produto fabricado a partir de ingredientes naturais. Recentemente, Dikeman et al. (2006) publicaram que as gomas de guar, a goma psyllium e a goma xantana têm as viscosidades mais elevadas das fibras alimentares solúveis e insolúveis cortadas. Uma grande variedade de gomas também provém de várias fontes botânicas, incluindo exsudados de árvores, sementes, algas marinhas e açúcar de beterraba/com. Na alimentação, é essencial conhecer o uso pretendido da goma e a mistura de ingredientes que estão a ser utilizados com a goma, porque a combinação de gomas oferece frequentemente efeitos sinérgicos e complementares. As condições de fabrico também devem ser conhecidas, de modo a escolher a goma certa para a aplicação desejada. As gomas são também conhecidas como estabilizadores nos alimentos processados e fabricados, porque equilibram o teor de humidade, estabilizando assim o produto contra a secagem. Basicamente, as gomas inibem ou abrandam a migração e a evaporação das moléculas de água e formam uma matriz. Este fenómeno desempenha um papel importante na estabilização dos alimentos congelados, ligando a humidade aos alimentos. Gomas como a goma de guar, a goma de alfarroba, a xantana e a carragenina também podem ser utilizadas em vez de gorduras. Os detalhes de várias gomas são resumidos nas secções seguintes deste capítulo.

Goma de guar

A goma de guar, também conhecida como guaran, é uma fibra alimentar solúvel derivada da semente da planta de guar, que é um arbusto leguminoso *Cyamopsis tetragonoloba.* A planta é originária da Índia, do Paquistão Ocidental, da África do Sul, da Austrália e dos Estados Unidos. A goma de guar ou feijão-agulha é mais cultivada na Índia, onde os grãos jovens são utilizados como legume. A goma de guar é um pó branco a branco-amarelado e é quase inodoro. É normalmente utilizada como agente espessante e emulsionante no processamento comercial de alimentos. O seu poder de espessamento é quase oito vezes superior ao do amido, pelo que é utilizada em misturas para pastelaria, molhos, temperos e produtos lácteos. Também tem aplicação no fabrico de têxteis, cosméticos, produtos farmacêuticos, impressão e papel. A goma de guar é um polissacárido hidrocoloidal natural de elevado peso molecular, composto por galactose e manano, ligados através de ligações glicosídicas, e quimicamente descrito como galactomanano. Forma um lodo de alta viscosidade quando dissolvido em água quente ou fria e esta viscosidade é uma função da temperatura, tempo e concentração. Dependendo do desenvolvimento da viscosidade desejada e da utilização pretendida, o pó de goma de guar acabado fino está disponível em diferentes viscosidades e diferentes granulometrias. Quando ingerida, a goma de guar expande-se na presença de água e tende a normalizar a função intestinal, funcionando assim como um laxante em massa. Esta propriedade de formação de volume também leva a uma sensação de saciedade e, por conseguinte, a uma diminuição do apetite. A goma guar tem um impacto benéfico na glicemia pós-prandial (IMO, 2002) e nas concentrações de insulina nos seres humanos (Aro, 1981; Ellis, 1991; Jarjis, 1984). Ellis et al., 1991, estudaram o efeito do peso molecular na capacidade da goma de guar para atenuar as excursões pós-prandiais de glucose e insulina. Smith, 1982, efectuou um estudo adicional para investigar a influência da goma de guar nos níveis de glicose no sangue. Foi demonstrado que a goma de guar reduz os níveis de colesterol no sangue em numerosos estudos com animais e seres humanos. Os mecanismos hipotéticos de ação incluem uma absorção prejudicada do colesterol dietético ou dos ácidos biliares devido à natureza viscosa do polissacárido e uma absorção prejudicada dos ácidos biliares através da ligação direta à fibra. Gee et al., 1983, concluíram que o efeito da goma de guar nos lípidos sanguíneos é principalmente atribuível à sua viscosidade. Por outro lado, Evans et al., 1992, revelaram que a viscosidade não é a resposta completa à questão dos mecanismos de ação plausíveis na redução do colesterol no sangue. Foi também sugerido que as gomas, como a goma de guar, estão facilmente disponíveis para a fermentação do cólon, com a produção de ácidos gordos de cadeia curta, em particular o propionato, que demonstrou, em estudos com animais e humanos, reduzir o colesterol sanguíneo através da supressão da síntese hepática de colesterol.

Na indústria alimentar, a goma de guar é utilizada como fonte de fibra e para fins de estabilização de alimentos, sendo utilizada como um novo aditivo alimentar em muitos produtos alimentares (Morris 2010).

A goma de guar, devido às suas várias propriedades inerentes, é utilizada como agente espessante em bebidas. A capacidade da goma de guar de ser solúvel em água fria e de resistir à degradação em condições de pH baixo faz com que seja utilizada em fábricas de processamento de bebidas. Também melhora a vida útil das bebidas (Mudgil et al., 2011). A goma de guar melhora o corpo e a textura dos produtos de queijo, uma vez que inibe a sinérese ou o choro através da gestão da fase aquosa, o que, de outro modo, constitui uma séria preocupação no fabrico de queijo (Klis 1966). Devido às suas propriedades de ligação à água, a goma de guar é utilizada como estabilizador no fabrico de gelados. Hidrata-se num curto espaço de tempo, o que a torna favorável para processos de alta temperatura e tempo curto (HTST). O principal papel da goma de guar em produtos congelados é a estabilização (Mudgil et al., 2011). No fabrico de produtos de carne recheada e salsichas, a goma de guar é utilizada como agente aglutinante e lubrificante devido à sua forte capacidade de retenção de água, tanto em água quente como fria. Também inibe a sinérese, impede a migração da gordura durante o armazenamento, controla a viscosidade da fase líquida durante o processamento e o arrefecimento e também controla a acumulação de água na lata durante o armazenamento de produtos de carne processados. A goma de guar melhora a estabilidade da cremação e controla a reologia da emulsão preparada com gema de ovo (Ercelebi e Ibanoglu 2010). Nos recheios de tartes congeladas, a goma de guar, em combinação com o amido, desempenha um papel importante na prevenção da desidratação, do encolhimento e da fissuração (Werbin 1950). A goma de guar, quando adicionada à massa de pão de trigo, aumenta o volume do pão durante o enfardamento (Cawley 1964). A goma de guar em combinação com a goma xantana diminui a perda de peso e a entalpia de retrogradação, retardando assim o endurecimento de bolos de arroz sem glúten (Sumnu et al. 2010). Do mesmo modo, a goma de guar controla a retrogradação do amido, retardando assim o endurecimento do chapati à temperatura ambiente e à temperatura de refrigeração (Shaikh et al. 2008).

Goma de acácia

A goma de acácia (também conhecida como goma-arábica) é uma seiva totalmente natural que exsuda dos caules e ramos das árvores de acácia (Leguminosae). As acácias crescem na zona do

Sahel, em África. As duas únicas espécies botânicas autorizadas para aplicações alimentares são a Acacia Senegal e a Acacia seyal. Este polissacárido natural é constituído por açúcares neutros e ácidos urónicos (95% do peso seco), proteínas (1% a 2% consoante a espécie). A goma arábica está disponível sob a forma de pó puro que é altamente solúvel, insípido e inodoro (Wapnir et al., 1991). A goma arábica é resistente ao cisalhamento elevado, ao pH e à temperatura extremos, mas não necessita de aquecimento ou cisalhamento para ser activada. A goma arábica pode ser facilmente adicionada a produtos alimentares sem alterar as suas caraterísticas originais devido à sua baixa viscosidade e elevada solubilidade. Pode ser incorporada numa formulação existente sem qualquer interação negativa ou aumento indesejado da viscosidade. A goma arábica é classificada como não-cariogénica e segura para os dentes devido à sua resistência à hidrólise na boca humana com a ajuda de enzimas salivares e da flora local (Imfeld e Meance, 2003). A goma arábica pode fazer parte de formulações sem açúcar e, por isso, é utilizada com segurança em produtos dietéticos. É extremamente resistente aos tratamentos térmicos, às condições ácidas e à fermentação por leveduras, devido à sua estrutura altamente ramificada, pelo que também permanece estável contra as temperaturas mais severas, mesmo a um pH muito baixo, durante vários meses (Wapnir et al., 1997). Para além dos benefícios nutricionais, a goma arábica fornece muitas funcionalidades técnicas para aplicações alimentares, tais como bebidas (misturas de sumos de fruta, batidos, etc.), produtos de pastelaria (pães, muffins, bolachas, wraps, etc.), produtos lácteos (leite, iogurte, etc.), produtos de confeitaria, molhos e temperos, snacks extrudidos, cereais, barras nutricionais (cereais, proteínas, etc.), batidos e pós para substituição de refeições ou comprimidos nutracêuticos (Teichberg et al., 1999).

Alginatos

Os alginatos são um grupo de polissacáridos viscosos derivados de algas castanhas e produzidos como matriz extracelular por algumas espécies de bactérias. Embora os alginatos estejam presentes em muitas espécies de algas castanhas, apenas algumas espécies, disponíveis em grandes quantidades, são utilizadas para a produção comercial do extrato. Nos Estados Unidos, a espécie *Macrocystis pyrifera* é utilizada na costa ocidental e a *Laminaria digitata* na costa oriental. Na Europa, nomeadamente em Inglaterra, França e Noruega, são utilizadas outras espécies de algas *Laminaria* e *Ascophyllum*. Tradicionalmente, os alginatos têm sido utilizados como agentes emulsionantes, espessantes, estabilizadores, suspensores, produtores de gel ou formadores de película sem inibir ou mascarar os sabores numa série de aplicações alimentares. Estão a surgir várias novas aplicações alimentares para os alginatos, com base nas suas propriedades bioquímicas e biofísicas únicas. Uma das caraterísticas mais únicas e invulgares dos alginatos é a sua capacidade de produzir géis ou gelatinas atraentes e comestíveis através de sais de alginato solúveis que entram em reacções químicas controladas com sais de cálcio. Esta capacidade única de formação de gel dos alginatos resultou na sua utilização em muitos produtos alimentares, particularmente em composições em pó seco de alginatos e sais de cálcio que podem ser agitados em água para dar uma gelatina de secagem rápida. Os alginatos (Sperry, 1955; Moss, 1955) foram e são amplamente utilizados como estabilizadores de gelados, geralmente em pequenas quantidades de cerca de 0,1-0,5%. Estes estabilizadores de alginato de sódio são facilmente dispersáveis em misturas, possuem boas propriedades de retenção de água e contribuem com boas propriedades de corpo e excelente proteção de textura. Os alginatos, para além de serem muito económicos, são particularmente adequados para utilização nos congeladores horizontais contínuos modernos e, por conseguinte, foram amplamente aceites como estabilizadores de gelados (Anson, 1958). A capacidade dos alginatos para formar géis estáveis ao calor que se podem desenvolver à temperatura ambiente torna-os formadores de gel únicos. Este facto é importante em produtos reestruturados como os alimentos enlatados para animais de estimação e na preparação de cremes de enchimento para pastelaria que utilizam alginatos como agentes gelificantes.

Em aplicações alimentares, os revestimentos de alginato são utilizados para evitar a passagem de água do recheio para a parte seca do bolo. Os alginatos também podem ser utilizados para evitar a aderência ao invólucro em coberturas; actuam simultaneamente como agentes anti-fissuração. No peixe congelado, os alginatos evitam a oxidação e a perda de água, estabilizando a camada de gelo e tornando-a mais impermeável ao oxigénio e à humidade. Em carcaças e pedaços de carne, as películas de alginato de cálcio podem ser utilizadas para reduzir a perda de água e para melhorar a qualidade microbiológica, o que se aplica a produtos do tipo hambúrguer e aves de capoeira.

Goma xantana

A xantana é um dos polissacáridos mais extensivamente investigados. É o segundo polissacárido microbiano comercializado. É produzido por uma cultura pura de fermentação de um hidrato de carbono pela bactéria natural *Xanthomonas compestris.* A xantana é completamente solúvel em água quente ou fria, hidrata-se rapidamente uma vez dispersa e proporciona ligação à água, resultando em soluções de viscosidade muito elevada a baixa concentração. A xantana contribui para boas qualidades sensoriais, incluindo a sensação na boca e a libertação de aromas nos alimentos, devido ao seu comportamento reológico. É um pó de fluxo livre de cor branca a creme que dá origem a soluções viscosas a baixas concentrações devido à sua capacidade de ser solúvel em água quente e fria. A sua importância industrial baseia-se na sua capacidade de controlar a reologia de sistemas à base de água. Em comparação com outras soluções de polissacáridos, as soluções de goma xantana apresentam uma viscosidade mais elevada, mesmo a baixas concentrações. Esta é a razão pela qual a goma xantana é um espessante e estabilizador eficaz. O facto de a haste de goma xantana, quando dispersa em água quente ou fria, resultar em dispersões aquosas tixotrópicas encontra grandes aplicações na alimentação. A estrutura semelhante a um gel fraco assim formada permite a estabilização de emulsões, espumas e suspensões de partículas devido à elevada "viscosidade de baixa taxa de cisalhamento" invulgar a baixas concentrações de polímero. Também permite a manipulação e o controlo de processos como espalhar, verter, bombear e pulverizar devido ao seu comportamento reversível de diluição por cisalhamento. Na indústria de panificação, a goma xantana aumenta o prazo de validade dos produtos de panificação e das massas refrigeradas, aumentando a ligação da água durante a cozedura e o armazenamento. Pode também ser utilizada como substituto do ovo em produtos de pastelaria macia e pode inibir a sinérese na pastelaria. A xantana é utilizada para melhorar o aspeto e o corpo do produto em bebidas e abóboras. As bebidas contêm frequentemente partículas de polpa de fruta e a incorporação de xantana ajuda a manter a suspensão. A xantana, devido à sua elevada pseudoplasticidade, é muito utilizada em molhos para saladas, que ajudam a colocar o molho em cima da salada. É utilizada isoladamente ou em combinação com alginato de propilenoglicol ou pectina e proporciona uma sensação de limpeza na boca. A xantana em combinação com guar, goma de alfarroba ou ambos pode ser utilizada eficazmente como agente estabilizador para gelados, batidos de leite e sorvetes, etc. Em combinação com metil-carboximetilcelulose é utilizada em produtos lácteos congelados e com carboximetilcelulose é utilizada em iogurtes acidificados. Para pudins de sobremesa, géis de leite acidificado e outros, são utilizadas combinações semelhantes. A mistura de xantana, guar e goma de alfarroba confere fatiabilidade, corpo firme e libertação de sabor ao queijo creme. Também para especiarias e aromatizantes, a xantana funciona como uma matriz com farinha de trigo e farinha de soja. A xantana proporciona um bom controlo da drenagem e, por conseguinte, engrossa os molhos de queijo fresco. Também melhora o corpo, a consistência e a sinérese do creme azedo. A xantana é incorporada em coberturas, molhos, xaropes, etc., devido às suas excelentes propriedades de solução. É também utilizada em xaropes amanteigados e coberturas de chocolate para melhorar a sua consistência e propriedades de fluxo. Devido à elevada acidez e às propriedades de fluidez pseudoplásticas da xantana, é utilizada como um espessante ideal.

Goma de alfarroba

A goma de alfarroba (ou goma de alfarroba) é derivada das sementes da planta leguminosa *Ceratonia siliqua* Linn. que é amplamente cultivada na região mediterrânica e, em pequena escala, na Califórnia. Ao contrário da maioria das gomas, a goma de alfarroba não é um extrato da planta nativa, mas sim uma farinha produzida pela moagem das sementes endospermas da vagem da árvore. A goma de alfarroba tem qualidades invulgares de inchaço e de absorção de água, pelo que é utilizada como estabilizador primário em misturas para gelados. É também incorporada em formulações de gelados devido à sua fusão suave e excelente resistência ao choque térmico (Potter e Williams, 1950).

McKiernan (1957) considerou que a goma de alfarroba satisfazia todos os requisitos de uma goma "ideal" para a estabilização de gelados, apresentando as seguintes propriedades

1. É facilmente dispersável na mistura a frio e não requer qualquer manuseamento especial ou neutralização.
2. É inerte tanto à acidez (ácido lático) como ao sal de cálcio presente na mistura.
3. Produz uma viscosidade uniforme, medianamente reprodutível, que é apenas uma indicação de "água ligada", ou seja, desenvolve uma viscosidade de base que não é destruída pela agitação.
4. Não provoca separação da mistura quando utilizado com um adjuvante de musgo irlandês.
5. Arrefece uniformemente e permite uma fácil incorporação de ar na mistura.
6. Proporciona uma absorção de água excecionalmente elevada, resultando num excelente corpo, textura fina e suave e mastigabilidade do gelado.
7. A sua curva de viscosidade-temperatura resultante não desce rapidamente, proporcionando assim uma resistência superior ao choque térmico.
8. Não contribui com nenhum sabor ou propriedades de mascaramento de sabor para a mistura.
9. Libra por libra, proporciona um grau de estabilização e resistência ao choque térmico mais elevado do que o de qualquer outra pastilha disponível."

Weinstein (1958) afirmou que a goma de alfarroba era um estabilizador superior quando utilizada em combinação com um sal estabilizador de proteínas, como o hexametafosfato de sódio, e incluindo também, de preferência, citrato de sódio. A goma de alfarroba tem sido utilizada no fabrico de queijo de pasta mole, onde acelera a coagulação, aumenta o rendimento de sólidos da coalhada em até 10% e facilita a remoção da coalhada. A coalhada retirada apresenta-se compacta e com uma excelente textura macia e o soro separado é límpido. Além disso, o queijo acabado tem um corpo e uma textura suaves e excelentes. A goma de alfarroba actua como agente estabilizador e aglutinante no fabrico de produtos de carne processada, como mortadela, salame e salsichas, melhorando assim a textura e a qualidade e conduzindo a um produto mais homogéneo. As suas propriedades lubrificantes facilitam a extrusão e o enchimento das misturas de carne. Durante o armazenamento destes produtos de carne, a goma de alfarroba reduz a perda de peso devido às suas propriedades de retenção de água. Em conservas de carne e peixe, a goma de alfarroba é utilizada como agente espessante. No fabrico de pão e de outros produtos de padaria fermentados, a goma de alfarroba é utilizada como complemento da farinha, a fim de produzir uma massa com propriedades funcionais constantes e boas propriedades de retenção de água, resultando num maior rendimento. Os produtos cozinhados têm melhores texturas, são muito mais macios e têm uma vida útil mais longa.

Papel das gomas nas aplicações alimentares

Bebidas

A goma está a ser amplamente utilizada em bebidas com baixo teor de açúcar ou de sumo, porque a redondeza e a sensação na boca que proporciona correspondem perfeitamente à textura proporcionada pela sacarose ou pelo sumo de fruta. Estudos realizados em ratos mostraram claramente que a absorção de água, glicose e minerais foi significativamente melhorada quando a goma foi adicionada a soluções de reidratação oral ou a bebidas desportivas (Turvill et al., 2002). Produtos de padaria As gomas têm propriedades reguladoras da humidade e formadoras de película, a goma traz muitos benefícios aos produtos de padaria em termos de processamento, textura e prazo de validade. Está provado que a adição de goma aos produtos de panificação melhora a sua textura (suavidade e plenitude), especialmente em aplicações de congelação/descongelação ou congelação/cozedura. Estes benefícios conduzem a uma redução do efeito de estagnação e a um prolongamento do prazo de validade. Por exemplo, estudos realizados pelo The Food Development Group em Toronto, Canadá, mostraram claramente que a textura de produtos de panificação, como biscoitos macios ou muffins, foi melhorada com o aumento dos níveis de goma (0 a 3% em peso). Entretanto, foram observadas qualidades superiores de consumo em relação ao biscoito padrão sem goma durante toda a duração da vida útil. A suavidade proporcionada pela adição de goma de acácia é percebida pelo consumidor como frescura.

Barras de cereais

A goma desenvolve propriedades únicas de ligação e de aderência que permitem uma substituição parcial ou total do açúcar, do xarope de glucose e do xarope de glucose com alto teor de frutose (RFCS) na solução de ligação. A adição de 4% a 8% de goma é normalmente necessária para ligar eficazmente os componentes secos da fórmula (frutos, cereais). As suas elevadas propriedades de estabilização da humidade e a sua capacidade de formação de película favorecem o prolongamento da vida útil e retardam o endurecimento da barra.

Snacks extrudidos e cereais de pequeno-almoço

A goma actua como um lubrificante durante o processo de extrusão, o que conduz a uma forma e textura mais consistentes dos aperitivos. Durante a extrusão, a adição de goma à massa dos aperitivos tem sido referida como ajudando a diminuir a energia mecânica, aumentando simultaneamente a eficiência e o rendimento da extrusora. Estes benefícios foram obtidos com a adição de 2% a 5% de goma, mas a redução óptima da intensidade eléctrica, do binário do motor e da acumulação de calor foi observada com 3,5% de goma. Ao mesmo tempo, as elevadas propriedades de controlo da humidade da goma ajudam a aumentar a crocância e a reduzir o efeito de estagnação durante o armazenamento.

Confeitaria

A goma não é considerada um hidrocolóide espessante quando dissolvida em água em baixa concentração (até 30%). Entretanto, quando utilizada em sistemas de sacarose ou sem açúcar (polióis e edulcorantes artificiais) em níveis elevados de substâncias secas, a goma proporciona uma textura única aos produtos de confeitaria moldados de tipo europeu, como jujubas ou pastilhas de goma. Nos produtos doces revestidos, a goma é utilizada pela sua capacidade de formação de película, a fim de melhorar as propriedades físicas e mecânicas dos centros e tornar mais eficazes as camadas de revestimento duro e mole. A adição de um baixo nível (1% a 3%) de goma num rebuçado sem açúcar à base de sorbitol, maltitol ou manitol, aumenta ligeiramente a quantidade de água residual (1% a 3%) após a cozedura e, por conseguinte, diminui a temperatura de cozedura de 40 a 60°F. A higroscopicidade do doce é reduzida, a recristalização dos polióis é evitada e os doces embalados não são pegajosos. A goma é utilizada como aglutinante para a formação de comprimidos por compressão direta ou granulação húmida em produtos alimentares e farmacêuticos. Para a compressão direta, a goma purificada e aglomerada é misturada com os outros pós (com a mesma dimensão de malha) antes de encher a matriz. Na granulação húmida, a goma em solução é adicionada aos pós para fazer uma pasta, que é seca e peneirada para produzir um material de fluxo livre que é depois comprimido.

Conclusão

As gomas têm amplas aplicações nos domínios alimentar, farmacêutico, têxtil, petrolífero, das tintas, do papel, dos explosivos e dos cosméticos, devido às suas propriedades biofísicas e bioquímicas únicas. Outra razão favorável para a ampla aplicação das gomas é o seu baixo custo. A maior parte das gomas são económicas, o que as torna populares na indústria alimentar. As gomas têm uma vasta aplicação na panificação e confeitaria, bebidas, carne e aves de capoeira e indústria de lacticínios. As gomas também são utilizadas em produtos alimentares como suplemento de fibra alimentar. O consumo de gomas é conhecido por ser benéfico para a saúde humana, uma vez que reduz o risco de doenças cardíacas ao reduzir o nível de colesterol no corpo, controla a diabetes e mantém o movimento intestinal nos seres humanos.

Referências

Anson, M. L. 1958. Produto alimentar proteico. Patente dos EUA 2, 833,651.

Aro, A., Uusitupa, M., Voutilainen, E., Hersio, K., Korhonen, T. e Siitonen, O. 1981. Melhoria do controlo diabético e efeito hipocolesterolémico induzido pela suplementação dietética a longo prazo com goma de guar na diabetes tipo 2 (independente da insulina). Diabetologia, 21:29-33.

Cawley, R. W. 1964. O papel das pentosanas da farinha de trigo na panificação. II. Effect of added flour pentosans and other gums on gluten starch loaves. Journal of the Science of Food and Agriculture, 15:834-838.

Dikeman, C. L., Murphy, M. R. e Fahey-Jr., G. C. 2006. Dietary fibers affect viscosity of solutions and simulated human gastric and small intestinal digesta, Journal of Nutrition, 136:913-919.

Ellis, P. R., Dawoud, F. M., e Morris, E. R. 1991. Blood glucose, plasma insulin and sensory responses to guar-containing wheat breads: effects of molecular weight and particle size of guar gum. British Journal of Nutrition, 66:363-379.

Ercelebi, E. A e Ibanoglu, E. 2010. Estabilidade e propriedades reológicas de emulsões de grânulos de gema de ovo estabilizadas com pectina e goma guar. International Journal of Food Properties, 13:618-630.

Evans, A. J., Hood, R. L., Oakenfull, D. G. e Sidhu, G. S. 1992. "Relationship between structure and function of dietary fibre: a comparative study of the effects of three galactomannans on cholesterol metabolism in the rat" [Relação entre estrutura e função da fibra alimentar: um estudo comparativo dos efeitos de três galactomananos no metabolismo do colesterol no rato]. British Journal of Nutrition, 68:217-229.

Gee, J. M., Blackbum, N. A. e Johnson, I. T. 1983. The influence of guar gum on intestinal cholesterol transport in the rat. British Journal of Nutrition, 50:215-224.

Imfeld, T. e Meance, S. 2003. Avaliação da segurança para os dentes da goma de acácia em diferentes concentrações em humanos. Tipo de referência: comunicação pessoal.

Instituto de Medicina (IOM). 2002. Dietary reference intakes: Energy, carbohydrate, fiber, fat, fatty acids, cholesterol, protein, and amino acids' Prepublication copy: Washington, D.C.: National Academies Press.

Jaijis, H. A., Blackbum, N. A., Redfern, J. S. e Read, N. W. 1984. The effect of ispaghula (Fybogel and Metamucil) and guar gum on glucose tolerance in man. British Journal of Nutrition, 51:371-378.

Jenkins, D. J. A., Wolever, T. M. S., Taylor, R. H., Reynolds, D., Nuneham, R. e Hockadaym, T. D. R. 1980. Diabetic glucose control, lipids, and trace elements on long-term guar". British Medical Journal. 280:1353-1354.

Klis, J. B. 1966. Woody's Chunk O'Gold cold-pack cheese food weeps no more. Food Processing Marketing, 27:58-59.

McKiernan, R. J. 1957. O papel das gomas nos estabilizadores. Discurso no Michigan Dairy Manufacturer's Ann. Conf, Michigan State University, East Lansing, Michigan.

Moss, J. R. 1955. Stabilizers and ice cream quality. Ice Cream Trade Journal, **51,22.**

Mudgil, D., Barak, S. e Khatkar, B. S. 2011. Goma de guar: processamento, propriedades e aplicações alimentares - uma revisão. Journal of Food Science and Technology.

Peterson, D. B., Ellis, P. R., Baylis, J. M., Fielden, P., Ajodhia, J., Leeds, A. R. e Jepson, E. M. 1987. Low dose guar in a novel food product: improved metabolic control in noninsulin-dependent diabetes" Diabetic Medicine, 4:111-115.

Potter, F. E., e Williams, D. H. 1950. Stabilizers and emulsifiers in ice cream. Milk Plant Monthly **39** (4):76.

Shaikh, M. L, Ghodke, S. K. e Ananthanarayan, L. 2008. Inibição do endurecimento do chapati (pão achatado sem fermento indiano). Journal of Food Processing and Preservation, 32:378^-03.

Sperry, G. D. 1955. Stabilizers and HTST. Ice Cream Field **65** (5): 10.

Surnnu, G., Koksel, F., Sahin, S., Basman, A. e Meda, V. 2010. Os efeitos das gomas xantana e guar no endurecimento de bolos de arroz sem glúten cozidos em diferentes fornos. Jornal Internacional de Ciência e Tecnologia Alimentar, 45:87-93.

Teichberg S., Wingertzahn M. A., Moyse, J. e Wapnir, R. A. 1999. Effect of gum arabic in an oral rehydration solution on recovery from diarrhea in rats. Journal of Pediatrics, Gastroenterology and Nutrition, **29:411-17**.

Turvill J. L., Wapnir R. A., Wingertzahn, M. A., Teichberg, S. e Farthing, M. J. 2000. Cholera toxin-induced secretion in rats is reduced by a soluble fiber, gum arabic. Digestive Diseases and Sciences, 45:946-51.

Wapnir, R. A., Teichberg, S., Go, J. T., Wingertzahn M. A. e Harper R. G. 1996. Oral rehydration solutions: enhanced sodium absorption with gum arabic. Journal of American College of Nutrition. 15:377-82.

Wapnir, R. A., Wingertzahn, M. A., Moyse, J., Teichberg, S. 1997. A goma arábica promove a absorção de sódio e água do jejuno do rato a partir de soluções de reidratação oral em dois modelos de diarreia. Gastroenterology, 112:1979-85.

Werbin, S. J. 1950. Natural Gums in the Baking Industry, Trabalho apresentado na Associação Americana de Químicos de Cereais, 5 de dezembro

Weinstein, B. 1958. Estabilizadores para sobremesas tipo gelado. Patente dos EUA 2, 856,289.

CAPÍTULO 10

FONTE DE CASCA DE FRUTA COMO FIBRA ALIMENTAR

[1]Shafiya Rafiq,[1] S A Sofi e[2] Darakshaan Majeed

[1]Divisão de Ciência e Tecnologia Alimentar, SKUAST-Jammu, Índia

[2]Departamento de tecnologia alimentar, IUST Awantipora J&K Índia

Introdução

O risco de doenças crónicas pode ser reduzido através do consumo frequente de frutas e legumes. Um componente comum de produtos alimentares fibra dietética consiste de uma variedade de polissacarídeos não-amido, tais como celulose, hemicelulose, pectina, 0-glucanos, gomas e lignina (Elleuch *et al.,2Q\V)* e devido aos seus efeitos benéficos sobre as propriedades nutricionais dos alimentos sãoconsumir como alimentos (Fernandez-Lopez., 2008). O consumo de fibra dietética desempenha um papel significativo na prevenção, redução e tratamento de doenças crónicas, tais como intestino, distúrbios gastrointestinais, obesidade, diabetes, doenças cardiovasculares, cancro e também promover funções fisiológicas, incluindo a redução do nível de colesterol no sangue e atenuação da glicose (Figuerola *et al.,* 2005). Os subprodutos de frutas, legumes e cereais integrais são fontes promissoras de fibras alimentares e compostos funcionais (Larrauri, 1999). A ingestão recomendada de fibra alimentar de 25-30 g/dia pode ajudar a ultrapassar a dieta deficitária em fibra e tem sido relacionada com vários efeitos fisiológicos e metabólicos (Drzikova *et al.,* 2005). As indústrias alimentares que fabricam produtos de fruta geram uma grande quantidade de resíduos e subprodutos que podem ser utilizados como uma fonte valiosa de fitoquímicos bioactivos com enormes potencialidades para a alimentação animal, alimentos manufacturados e cuidados de saúde. A fibra alimentar, enquanto classe de compostos, inclui uma mistura de polímeros de hidratos de carbono vegetais, tanto oligossacáridos como polissacáridos, por exemplo, celulose, hemiceluloses, substâncias pécticas, gomas, amido resistente, inulina, que podem estar associados à lenhina e a outros componentes não hidratos de carbono (polifenóis, ceras, saponinas, cutina, fitatos, proteína resistente). O amido resistente e a proteína resistente resistem à digestão no intestino delgado. O amido resistente é composto por quatro grupos (RSi: amido fisicamente inacessível, RS2: grânulos de amido não gelatinizado, RS3: amido retrogradado e RS4: amido quimicamente modificado) (Fuentes-Zaragozaet al.,2010).

A fibra alimentar não só ajuda a evitar a hidrólise, a digestão e a absorção no intestino delgado humano, como também desempenha pelo menos uma destas funções: aumenta o volume fecal, estimula a fermentação do cólon, reduz a glicemia pós-prandial (reduz a resposta à insulina) e reduz os níveis de colesterol pré-prandial (Champ *et al.*, 2003 e Fuentes-Zaragoza *et al.*, 2010). Uma vez que os consumidores preferem suplementos naturais, receando que os ingredientes sintéticos possam ser a fonte de toxicidade, os subprodutos ricos em fibra alimentar e compostos bioactivos funcionam como um prémio para os transformadores de alimentos. A suplementação com fibra alimentar pode resultar em alimentos que promovem a boa forma, com baixo teor de calorias, colesterol e gordura. De acordo com as recomendações actuais do Food and Nutrition Board, Institute of Medicine, 2001, a necessidade média diária de fibra alimentar é de 25 g por dia para mulheres com menos de 50 anos, 21 g por dia para mulheres com mais de 50 anos; 38 g por dia para homens com menos de 50 anos e 30 g por dia para homens com mais de 50 anos. A maioria dos nutricionistas e especialistas em dietas sugerem que cerca de 20-30% da nossa ingestão diária de fibras deve provir de fibras solúveis. A fibra alimentar pode também conferir algumas propriedades funcionais aos alimentos, por exemplo, aumentar a capacidade de retenção de água, a capacidade de retenção de óleo, a emulsificação e/ou a formação de gel. De facto, iremos ilustrar que a fibra alimentar incorporada nos produtos alimentares (produtos de panificação, lacticínios, compotas, carnes, sopas) pode modificar as propriedades texturais, evitar a sinérese (a separação do líquido de um gel causada pela contração), estabilizar alimentos com elevado teor de gordura e emulsões, e melhorar o tempo de conservação. Os subprodutos de cereais, frutas e legumes ou as algas, facilmente gerados em grande quantidade, podem ser recuperados e utilizados como produtos de valor acrescentado. Fornecem fibras alimentares, bem como compostos bioactivos, como polifenóis e óleos essenciais, proporcionando benefícios económicos às indústrias alimentar, cosmética e farmacêutica.

Casca de citrinos

A fibra cítrica, que possui compostos bioactivos associados, ou seja, polifenóis, adicionados a produtos à base de carne (salsichas de mortadela, hambúrgueres de frango), são inibidores eficazes da oxidação lipídica, melhorando assim a sua estabilidade oxidativa e prolongando o seu prazo de validade (Femandez-Gines et *al.*, 2003; Sayago-Ayerdi, Brenes, &Goni, 2009). A fibra cítrica adicionada à salsicha de mortadela também pode diminuir os níveis de nitrito residual (Femandez-Gines et *al.*, 2003). A adição de fibra cítrica aos produtos à base de carne melhorará a estabilidade oxidativa e prolongará o seu prazo de validade, impedindo a peroxidação lipídica devido à presença de compostos bioactivos associados, ou seja, polifenóis (Sayag oet *al.*, 2009) e também diminuirá o nível de nitritos residuais (Fernandez et *al.*, 2003). A casca dos citrinos pode ser considerada uma fonte potencial de pectina (a pectina também pertence à família das fibras) e de fibras, que são compostas por tecido branco, esponjoso e celulósico (Terpstra *et al.*, 2003). O consumo de fibra alimentar desempenha um papel significativo na prevenção, redução e tratamento de doenças crónicas, tais como distúrbios intestinais e gastrointestinais, obesidade, diabetes, doenças cardiovasculares, cancro e também na promoção de funções fisiológicas, incluindo a redução do nível de colesterol no sangue e a atenuação da glicose (Figuerola et *al.,* 2005). Muitos estudos epidemiológicos provaram que a casca dos citrinos reduz eficazmente o nível de colesterol plasmático e hepático e diminui o nível de triglicéridos séricos, colesterol total sérico, lípidos totais hepáticos e colesterol hepático (Terpstra et *al.,* 2003). A fibra da casca derivada da fruta da laranja envolve a melhoria da função intestinal e da saúde (Chau et *al.,* 2005). A casca, a polpa e a fibra da casca de *Citrus hystrix* e *Citrus maxima* (var. vermelha e var. branca) podem ser utilizadas como potenciais fontes de fibra dietética no enriquecimento de alimentos devido às suas elevadas propriedades físico-químicas (retenção de água, retenção de óleo, atividade de emulsão, estabilidade da emulsão, poder de inchamento e índice de solubilidade). A capacidade de retenção de água, a capacidade de retenção de óleo, a atividade de emulsão e a estabilidade da emulsão das amostras de *C. hystrix* e *C. maxima* (var. vermelha e var. branca) situaram-se entre 5,188,08mL de água/g de amostra, 1,26-2,45 mL de óleo/g de amostra, 29,06-40,68% e 72,12-96,30%, respetivamente. O índice de retardamento da glicose das amostras foi de 10,43-16,31%, aos 180min. No processo de digestão do amido, todos os pós de amostras de citrinos apresentaram uma maior redução da glucose no dialisado aos 20-180 minutos (abirami *et al.,* 2014).

Casca de ananás

Larrauri et al. 1996 descreveram o fabrico de uma bebida em pó contendo fibra alimentar a partir da casca de ananás. A casca de ananás de alta qualidade, com um máximo de 8% de humidade, foi finamente moída e misturada com ácido cítrico, agente espumante, açúcar, aroma de morango seco e corante para formar a mistura da bebida. O produto, denominado FIBRALAX, continha 25,0% de fibra alimentar e 66,2% de hidratos de carbono digeríveis, tinha um valor energético de 287 kcal/100 g e proporcionava um ligeiro efeito laxante. Larrauri et al., 1997 compararam um produto de fibra preparado a partir de cascas de ananás com fibras comerciais feitas de maçã e citrinos. A fibra da casca do ananás continha 70,6% de fibra alimentar total, a maior parte da qual era insolúvel. A xilose e a glucose foram os principais açúcares neutros detectados no produto fibroso. A atividade antioxidante da fibra de ananás, potencialmente devida à presença do polifenol miricetina, foi muito mais elevada do que a detectada nas fibras de maçã e de citrinos. A fibra de ananás também foi relatada como tendo propriedades de cor e sabor neutras, o que poderia melhorar a aceitabilidade do produto como um suplemento de fibra dietética (Larrauri et al., 1997).

Casca de pêssego

Os resíduos de casca e polpa da extração do sumo de pêssego continham 31 a 36% (DMB) de fibra alimentar, sendo a maior fração (20 a 24%) insolúvel (Grigelmo-Miguel & Martin-Belloso 1997). A fração solúvel (11 a 12%) é superior à encontrada nos cereais. A alta afinidade pela água (9,12 a 12,09 g de água/g de fibra), o baixo valor calórico (3,5 a 3,7 kcal/g) e as baixas quantidades de gordura (1,5% DMB), proteína (5,8% DMB) e cinzas (2,9% DMB) sugerem que a fibra alimentar do pêssego pode ser usada como ingrediente alimentar e fonte de fibra. As aplicações sugeridas incluem o uso como fonte de fibra dietética, agente de volume e ingrediente funcional em produtos de panificação, carnes, produtos extrudados e bebidas dietéticas. O efeito da substituição da gordura em salsichas por fibra alimentar de pêssego foi estudado por Grigelmo-Miguel et al., 1997. Vinte e 40% de suspensões de fibra dietética de pêssego foram incorporadas em salsichas com baixo teor de gordura contendo 5, 10, 15 e 20% de gordura e comparadas com um controlo só de carne contendo 25% de gordura. A adição de fibra de pêssego às massas das salsichas resultou num aumento da viscosidade, numa diminuição do pH e numa retenção efectiva de água durante a cozedura. Os teores de proteínas e de colagénio não foram afectados pela adição de fibra de pêssego. Embora as salsichas que continham fibra de pêssego fossem mais escuras do que os controlos e tivessem propriedades texturais diminuídas, a avaliação sensorial indicou que as salsichas com baixo teor de gordura e alto teor de fibra eram tão aceitáveis como os controlos só de carne. O efeito da substituição de 0, 2, 3, 4, 5 e 10% de gordura ou farinha por fibra dietética de pêssego nas propriedades químicas, físicas e sensoriais dos queques foi estudado por Grigelmo-Miguel et al. [25]. A elevada capacidade de retenção de água da fibra de pêssego resultou num aumento do teor de humidade nos muffins. O peso, a altura, a elasticidade e a coesão não foram afectados pela adição de fibra de pêssego, mas a dureza, a mastigabilidade e a gomosidade aumentaram com o aumento do teor de fibra. Os muffins com menos de 10% de fibra de pêssego foram tão aceitáveis para os consumidores como os produtos de controlo.

Conclusão

A investigação recente sobre as propriedades funcionais dos subprodutos dos citrinos, especialmente a casca, veio aumentar os nossos conhecimentos. Devido ao baixo custo e à fácil disponibilidade dos resíduos de frutos que, de outra forma, se perderiam como resíduos no ambiente, devem ser considerados como potenciais recursos nutracêuticos, capazes de oferecer suplementos dietéticos nutricionais significativos e de baixo custo. Ricos em compostos bioactivos, estes resíduos indesejados do fabrico podem ser reciclados como suplementos alimentares de valor acrescentado, que fornecem fibras alimentares e polifenóis vantajosos. Servem como agentes de volume não calóricos, aumentam a retenção de água e óleo, melhoram a emulsão e podem prevenir-nos de uma vasta gama de doenças causadas pelo stress oxidativo. Os extractos de cascas de frutos são promissores na indústria alimentar como fontes de compostos bioactivos. Além disso, uma utilização estabelecida da casca de citrinos também ajudará a aliviar os problemas de poluição causados pela má eliminação desses resíduos. É necessária mais investigação para estabelecer a biodisponibilidade e os benefícios reais destes extractos de casca obtidos a partir da casca de frutos in vivo.

Quadro 1: Fontes de fibra alimentar (% de matéria seca)

Sources of fibre	Total dietary fibre Content	Analytical methods	References
Lime peel	66.7–70.4	Enzymatic chemical method : NSP + Klason lignin	Ubando, Navarro, and Valdivia (2005)
Orange peel	64.3	Enzymatic gravimetric method: Lee *et al.* (1992)	Figuerola*et al.*, (2005)
Grapefruit peel	44.2–62.6	Enzymatic gravimetric method: Lee *et al.* (1992)	Figuerola*et al.* (2005)
Limon peel	60.1–68.3	Enzymatic gravimetric method: Lee *et al.* (1992)	Figuerola *et al.* ,(2005)

(Fonte: Elleuch ***et al.*****, 2014)**

Referências

Abirami, A., Nagarani, G. & Siddhuraju, P. 2014. Medição das propriedades funcionais e aspectos promotores da saúde - índice de retardamento da glicose da casca, polpa e fibra da casca de *Citrus hystrix* e *Citrus maxima. Jornal de nutrição.* 15:125-136

Champ, M., Langkilde, A.-M., Brouns, F., Kettlitz, B., Collet, Y., & Le, B. 2003. Avanços na caraterização da fibra alimentar. Definição de fibra alimentar, relevância fisiológica, benefícios para a saúde e aspectos analíticos. *Nutrition Research Reviews,* 16:71-82.

Chau, C. F., Sheu, F., Huang, Y.L., & Su, L. H. 2005. Melhoria da função intestinal e da saúde pela fibra da casca derivada de Citrus sinensis L cv Liucheng. *Journal of the Science of Food and Agriculture,* 85:1211-1216.

Drzikova, B., Dongowsky, G., Gebhardt, E., &Habel, A. 2005. A composição dos extrudados de fibra de aveia afecta a ligação dos ácidos biliares e a fermentação in vitro. *Química Alimentar,* 90, 181-192

Elleuch, M., Bedigian, D., Roiseux, O., Besbes, S., Blecker, C., &Attia, H. 2011. Fibra dietética e subprodutos ricos em fibras do processamento de alimentos: Caracterização, funcionalidade tecnológica e aplicações comerciais: A review. *Química Alimentar,* 4, 411-421

Femandez-Gines, J. M., Fernandez-Lopez, J., Sayas-Barbera, E., Sendra, E., & Perez Alvarez, J. A. 2003. Efeito das condições de armazenamento nas caraterísticas de qualidade de salsichas de mortadela feitas com fibra de citrinos. *Journal of Food Science,* 68, 710-715.

Fernandez-Lopez, J. 2008. Desenvolvimento de ingredientes funcionais: fibras de frutas com polifenóis associados. *Journal of Agricultural and Food Chemistry.* 45: 4028-4031

Figuerola, F., Hurtado, M.L., Estevez, A.M., Chiffelle, L, &Asenjo, F. 2005. Concentrados de fibra de bagaço de maçã e casca de citrinos como potenciais fontes de fibra para enriquecimento alimentar. *Química Alimentar,* 91, 395-401

Fuentes-Zaragoza, E., Riquelme-Navarrete, M. J., Sanchez-Zapata, E., &PerezAlvarez, J. A. 2010. Amido resistente como ingrediente funcional: A review. Food Research International. 02.004.

Grigelmo-Miguel N, Martin-Belloso 0.1997. Fibra alimentar de pêssego como ingrediente alimentar, salsichas com baixo teor de gordura utilizando fibra alimentar de pêssego como ingrediente.

Grigelmo-Miguel N, Motilva-Casado MJ, Martin-Belloso O. 1997. Characterization ofln: Livro de Resumos, Reunião Anual do Instituto de Tecnólogos Alimentares. Resumo No

Larrauri JA, Borroto B, Perdomo, U, Tabares Y. 1995. Fabrico de uma bebida em pó com fibra alimentar: *Food Science and Technology.* 60: 23-25.

Larrauri, J. A. 1999. Novas abordagens na preparação de pós com elevado teor de fibra alimentar a partir de subprodutos de frutos. *Tendências em Ciência e Tecnologia Alimentar,* 10, 3-8.

Sayago-Ayerdi, S.G.,Brenes,A.& Goni I.2009.Effect of grape antioxidant dietary fiber on the lipid oxidation of raw and cooked chicken hamburgers. LWT Food Science and Technology, 42, 971-976.

Terpstra,A.H.,Lapre,J.A.,Vries,H.T.& Beynen,A.C.2002.The hypocholesterolemic effect oflem on peels, lemon pectin,and the wastes treammaterialoflemonpeelsinhybridFIB hamsters. *Jornal Europeu de Nutrição.* 41(1), 19-26.

MIX
Papier aus verantwortungsvollen Quellen
Paper from responsible sources
FSC® C105338

Printed by Books on Demand GmbH, Norderstedt / Germany